8
1972

Faserforschung und Textiltechnik

WISSENSCHAFTLICH-TECHNISCHE ZEITSCHRIFT
FÜR DIE CHEMIEFASER- UND TEXTILINDUSTRIE

BEGRUNDET VON
ERICH CORRENS UND WALTER FRENZEL

HERAUSGEGEBEN VON ERICH CORRENS
WOLFGANG BOBETH – HANS BÖHRINGER – HERMANN KLARE
BURKART PHILIPP – CHRISTIAN RUSCHER

SCHRIFTLEITER J. BRÄMER UND I. RUSCHER

AUS DEM INHALT

AKADEMIE-VERLAG BERLIN

Faserforsch. u. Textiltechnik • 23. Jahrg. • Heft 8 • Seiten 319–358 • Berlin im August 1972
FSTXA7 23 (8) 319–358 (1972)
Preis: 15,– M • Sonderpreis DDR: 9,– M

DK 677.494.675'126:677.021.123.3:677.014.845:677.014.87: 677.016.673.45 677.842.3

Polo-Friz, Luigi, Rosi, Vizenzo, und *Merani, Gianfranco*

Zusammenhänge zwischen Feinstruktur und Eigenschaften von Polyamid 6
I. Röntgenmessungen an Faserstoffen in Abhängigkeit von der Reckung

Faserforsch. u. Textiltechnik **23** (1972) 8, S. 319—324. 14 Abb., 24 Lit.

Es wird eine Methode beschrieben, die es gestattet, mit Hilfe der Röntgenstreuung die strukturellen Veränderungen unterschiedlich kalt- und warmgereckter Polyamid-6-Faserstoffe zu untersuchen. Die Messungen wurden einerseits an Faserstoffen mit konstanter Ausgangsfeinheit und demgemäß unterschiedlichen Feinheiten des gereckten Materials, andererseits an Faserstoffen, bei denen durch Einsatz unterschiedlicher Ausgangsfeinheiten die Feinheiten nach dem Recken konstant waren, durchgeführt.
Zur Bestimmung besagter Zusammenhänge wird die Intensität der Meridian-(diatropen)-Reflexe (002) bei etwa $2\,\Theta = 11°$ bzw. (004) bei etwa $2\,\Theta = 21°$ unter besonderen Bedingungen gemessen. Anschließend wird die gleiche Methodik angewandt, um das Färbeverhalten dieser Faserstoffe bei unterschiedlichen Temperaturen festzustellen.

DK 678.675'126—498.4:532.135:532.133:541.24

Dietrich, Klaus, Tolsdorf, Siegfried, und *Reinisch, Gerhard*

Zur Schmelzviskosität von Polycaprolactamen mit niedrigen Aminoendgruppenkonzentrationen

Faserforsch. u. Textiltechnik **23** (1972) 8, S. 325—328. 3 Abb., 6 Tab., 12 Lit.

An Polycaprolactamen mit sehr weitgehend eingeschränkter Nachpolykondensationsfähigkeit wurden bei 230 bis 295 °C rotationsviskosimetrische Messungen durchgeführt. Die für $250\,°C/10^2\,s^{-1}$ ermittelte Beziehung zwischen der Schmelzviskosität der zu 75 bis 40% acylierten Proben und ihren $\overline{M}_n$ wird mit Literaturwerten verglichen.

DK 678.674'524'420:66.095.3:66—914.3:541.128:541.127.1:541.24

Čefelin, Pavel, und *Markes, Rudolf*

Die Polykondensation des Bis-(2-hydroxyäthyl)-terephthalats in dünnen Schmelzesschichten

Faserforsch. u. Textiltechnik **23** (1972) 8, S. 329—334. 8 Abb., 2 Tab., 18 Lit.

Für Monomerenansätze unter 1 g wurden Polykondensationsverfahren in statischen und rotierenden, dünnen Schmelzeschichten ausgearbeitet, in denen Masseänderungen des durch Destillation eintretenden Verlustes an Monomeren sowie der Einfluß von Katalysatorkonzentration, Polymerisationsgrad und Diffusion auf die Reaktionsgeschwindigkeitskonstanten der Polykondensation untersucht werden können. Die vorgeschlagenen Verfahren eignen sich im besonderen zur qualitativen Bewertung der Ausgangsprodukte im Hinblick auf ihre Eignung für die Polyesterherstellung.

DK 661.728:547.458.81:66.062.85:532.73:532.77:532.135

Schleicher, Harry, Linow, Karl-Joachim, und *Schubert, Klaus*

Untersuchungen zur Quellung und Lösung von Cellulose in aminhaltigen Flüssigkeitsgemischen
4. Mitt.: Zum Verhalten von Cellulose in ammoniak- und salzhaltigen Lösungsmittelsystemen

Faserforsch. u. Textiltechnik **23** (1972) 8, S. 335—340. 3 Abb., 4 Tab. 12 Lit.

Die Auflösung von Cellulose in Lösungen von Ammoniak und Natriumsalzen in Formamid, Dimethylsulfoxid, Morpholin oder Äthanolamin wird beschrieben. Die Ergebnisse von Viskositätsmessungen am Lösungsmittel Dimethylsulfoxid/Äthanolamin/Ammoniak/Natriumbromid sowie an verdünnten und konzentrierten Celluloselösungen werden mitgeteilt und Rückschlüsse auf den Lösungszustand der Cellulose abgeleitet.

DK 677.494.675'126—486.2:537.221:677.862.517.1:547.29'26:541.183

von Hornuff, Günther, und *Heise, Martin*

Beeinflussung der elektrostatischen Aufladung und der Reibung von Polyamidseide durch Fettsäurepolyglykolester

Faserforsch. u. Textiltechnik **23** (1972) 8, S. 340—346. 11 Abb., 24 Lit.

Ausgehend von Untersuchungen über die grenzflächenaktiven Eigenschaften und die Struktur von Fettsäurepolyglykolestern wird der Einfluß dieser Substanzen auf die Oberflächeneigenschaften von Polyamidseide ermittelt. Die Wirkung der Fettsäurepolyglykolester als Präparationskomponenten wird durch Widerstands-, Aufladungs- und Reibungsmessungen an präparierter Polyamidseide untersucht.

Kurze Mitteilungen

DK 677.65:535.668.6:535.65:535.312

Winkler, Friedrich, Pietschmann, Sieglinde und *Götze, Wolfgang*

Zur Bestimmung des Weißgrades an Prüflingen mit durchbrochenem Muster

Faserforsch. u. Textiltechnik **23** (1972) 8, S. 347. 1 Abb., 1 Tab.

DK 677.1/.5:677.044.314.5:677.016.6:677.827.3:535.668.6

Winkler, Friedrich, Götze, Wolfgang, und *Pietschmann, Sieglinde*

Zur Bestimmung des Weißgrades an optisch aufgehelltem Prüfgut

Faserforsch. u. Textiltechnik **23** (1972) 8, S. 348—349. 3 Abb., 1 Tab.

DK 678.674'524'420:678.047.6:546.824-31:543.436

Ewert, Karl-Heinz, und *Dinse, Hans-Dieter*

Über die Anwendung der Trübungsmessung zur Titandioxidbestimmung in mattierten Polyäthylenterephthalatmaterialien

Faserforsch. u. Textiltechnik **23** (1972) 8, S. 349—350. 2 Abb., 8 Lit.

Die Zeitschrift „Faserforschung und Textiltechnik“ erscheint monatlich in Heften zu 48 Textseiten im Format A 4. Der Preis für das Einzelheft beträgt M 15,– (Sonderpreis für DDR M 9,–), für den Vierteljahresbezug M 45,– (Sonderpreis für DDR M 27,–), zuzügl. Bestellgeld. Die Berechnung erfolgt zu Beginn eines Vierteljahrs für 3 Hefte. Bestellungen aus dem Gebiet der Deutschen Demokratischen Republik an ein Postamt, eine Buchhandlung oder den Verlag, aus der Deutschen Bundesrepublik an eine Buchhandlung oder die Auslieferungsstelle Kunst und Wissen, Erich Bieber, 7 Stuttgart 1, Wilhelmstraße 4–6, aus dem Ausland an eine Importbuchhandlung, den Deutschen Buch-Export und -Import GmbH., 701 Leipzig, Postschließfach 276, oder den Akademie-Verlag GmbH., 108 Berlin, Leipziger Str. 3–4 (Fernruf: 220441; Telex-Nr. 0112020; Postscheckkonto 35021) erbeten. Bestellnummer dieses Heftes: 1014/23/8. Alleinige Anzeigenannahme DEWAG-WERBUNG, 1054 Berlin, Wilhelm-Pieck-Str. 49, und alle DEWAG-Betriebe in den Bezirksstädten der DDR. – Bestellungen in der UdSSR nehmen entgegen: Städtische Abteilungen von „SOJUZPECHATJ“ bzw. Postämter und Postkontore.

Herausgeber und verantwortlich für den Inhalt: Prof. Dr. Dr. Erich Correns, Institut für Polymerenchemie der Deutschen Akademie der Wissenschaften zu Berlin, 153 Teltow-Seehof, Fernruf: Teltow 4831; Prof. Dr.-Ing. habil. Wolfgang Bobeth, Institut für Technologie der Fasern der Deutschen Akademie der Wissenschaften zu Berlin, 801 Dresden, Hohe Str. 6, Fernruf: 44721; Prof.-Dr. Ing. Hans Böhringer. Institut für Textiltechnologie der Chemiefasern Rudolstadt, Fernruf: Rudolstadt 2031; Prof. Dr. Hermann Klare, Prof. Dr. habil. Burkart Philipp und Dr. habil. Christian Ruscher, Institut für Polymerenchemie der Deutschen Akademie der Wissenschaften zu Berlin, 153 Teltow-Seehof, Fernruf: Teltow 4831. Schriftleiter: Joachim Brämer und Dipl.-Chem. Ingeborg Ruscher, 153 Teltow-Seehof, Kantstr. 55. Verlag: Akademie-Verlag GmbH., 108 Berlin, Leipziger Str. 3–4, Satz und Druck: Druckhaus „Maxim Gorki“, 74 Altenburg. – Veröffentlicht unter der Lizenznummer 1280 des Presseamtes beim Vorsitzenden des Ministerrates der Deutschen Demokratischen Republik.

Manuskriptsendungen sind an einen der Herausgeber oder die Schriftleitung zu richten. Für Inhalt und Form gelten die „Richtlinien für die Annahme und Abfassung von Beiträgen“, erhältlich von der Schriftleitung. Die Verfasser größerer wissenschaftlicher Arbeiten erhalten außer dem Honorar ein Heft und 50 Sonderdrucke ihrer Arbeit unentgeltlich. Nachdrucke sowie Übersetzungen in fremde Sprachen des Inhalts dieser Zeitschrift und deren Verbreitung – auch auszugsweise mit Quellenangabe – bedürfen der schriftlichen Vereinbarung mit dem Verlag.

Faserforschung und Textiltechnik

WISSENSCHAFTLICH-TECHNISCHE ZEITSCHRIFT FÜR DIE CHEMIEFASER- UND TEXTILINDUSTRIE

Band 23 August 1972 Heft 8

Zusammenhänge zwischen Feinstruktur und Eigenschaften von Polyamid 6

I. Röntgenmessungen an Faserstoffen in Abhängigkeit von der Reckung

Luigi Polo-Friz, Vinzenzo Rosi und Gianfranzo Merani

Forschungszentrum der Chatillon S. p. A.

DK 677.494.675'126:677.021.123.3:677.014.845:677.014.87:677.016.673.45:677.842.2

Es wird eine Methode beschrieben, die es gestattet, mit Hilfe der Röntgenstreuung die strukturellen Veränderungen unterschiedlich kalt und warm gereckter Polyamid-6-Faserstoffe zu untersuchen. Die Messungen wurden einerseits an Faserstoffen mit konstanter Ausgangsfeinheit und demgemäß unterschiedlichen Feinheiten des gereckten Materials, andererseits an Faserstoffen, bei denen durch Einsatz unterschiedlicher Ausgangsfeinheiten die Feinheiten nach dem Recken konstant waren, durchgeführt.
Zur Bestimmung besagter Zusammenhänge wird die Intensität der Meridian-(diatropen)-Reflexe (002) bei etwa $2\Theta = 11°$ bzw. (004) bei etwa $2\Theta = 21°$ unter besonderen Bedingungen gemessen. Anschließend wird die gleiche Methodik angewandt, um das Färbeverhalten dieser Faserstoffe bei unterschiedlichen Temperaturen festzustellen.

Взаимоотношения между тонкой структурой и свойствами полиамида-6
1. Рентгенструктурные исследования болокон при различных степенях вытяжки

Описывается метод, позволяющий при помощи рассеяния рентгеновских лучей изучить изменения структуры поликапроамидных волокон, подвергавшихся вытяжке в различных условиях. Измерения проводились на образцах с одинаковой исходной толщиной (с различной толщиной после вытяжки) и с различной исходной толщиной (с одинаковой толщиной после вытяжки). С целью выявления упомянутых зависимостей измерялась интенсивность (диатропных) меридиановых рефлексов (002) при $2\Theta \approx 11°$ или (004) при $2\Theta \approx 21°$ в специальных условиях. Та же методика в дальнейшем применялась для изучения окрашиваемости этих образцов волокон при различных температурах.

Relationships between Fine Structure and Properties of Polyamide 6.
I. X-ray Investigations of Fibres having different Degrees of Drawing

A method based on X-ray scattering is described which allows to investigate the structural changes in Polyamide 6 fibres subjected to cold and hot drawing to different degrees. The investigations were performed with fibres having equal initial fineness but different fineness after drawing as well as with fibres of different initial fineness and equal fineness after drawing. The measurements were based on the intensity of the diatropic meridial reflexes (002) at about $2\Theta = 11°$ and (004) at about $2\Theta = 21°$. The method is also used for the determination of the dyeing properties of the fibres at different temperatures.

1. Einleitung

Nach den ersten Veröffentlichungen von *Fuller* u. Mitarb. [1], *Brill* [2, 3] sowie *Hess* und *Kiessig* [4] über Polyamide im allgemeinen wurde von zahlreichen Forschern [5 bis 11] die Struktur des Polyamid 6 mit Hilfe der Röntgenstreuung untersucht. Auf diese Weise wurden insbesondere zwei kristalline Modifikationen des Polymeren festgestellt, und zwar die pseudohexagonale γ-Form und die monokline α-Form sowie andere sekundäre Strukturen, die zumTeil Zwischenstufen der beiden Grundmodifikationen darstellen. Von *Ruscher* u. Mitarb. [12 bis 15], *Dechant* und *Ruscher* [16], *Wegener* u. Mitarb. [17 bis 19], *Hendus* u. Mitarb. [10] sowie von *Rybnikar* und *Burda* [21] wurden weitere Beiträge gebracht, um mit Hilfe von röntgenographischen und neuen verfeinerten Methoden den Mechanismus der dem Polymeren auferlegten Umwandlungen zu erklären.

Zur Klärung der Strukturänderungen des Polyamid 6 benutzten wir eine Methode, die es auf einfachere Weise als bisher und ohne weitgehende Umrechnung der Daten gestattet, die Struktur zu charakterisieren. Es wurde die Intensität der Meridianreflexe bei $2\Theta = 11°$ und $21°$ der unterschiedlich gereckten bzw. behandelten Fasern gemessen.

Die Anordnung der Atomgruppen im Kristallgitter der beiden Modifikationen des Polyamid 6, die bestimmt wurde von *Holmes* [7], *Ziabicki* [8], *Vogelsong* [9] und *Arimoto* [10], läßt darauf schließen, daß der diatrope Reflex (002) vorwiegend von der pseudohexagonalen γ-Form und der diatrope Reflex (004) von der monoklinen α-Form herrührt. Aus den Zahlenwerten der berechneten und der gemessenen Intensitäten der beiden Modifikationen ergibt sich nach diesen Verfassern [7, 9, 10], daß das Intensitätsverhältnis der Reflexe (002)/(004) der hexagonalen Form etwa 2,5 beträgt und bei der monoklinen Modifikation auf etwa 0,3 sinkt; d. h., der Reflex (002) ist bei der α-Form weitaus schwächer als bei der γ-Form.

Die Prüflinge wurden in mehreren Schichten auf einem geeigneten Objektträger durch paralleles Aufwickeln des Fadens hergestellt und so in den Strahlengang gebracht, daß die Faserachse parallel zur Goniometerebene lag. Auf diese Weise können durch Veränderung des Glanzwinkels diejenigen diatropen Netzebenen in Reflexionsstellung kommen, die parallel zu einer Achse liegen, die senkrecht zur Faserachse und in der Ebene des Prüflings liegt. Durch Auswertung der meridionalen Reflexintensitäten gewinnt man ein charakteristisches Bild der Veränderungen, denen diese Netzebenen unterliegen und damit Angaben über Strukturveränderungen, insbesondere den $\gamma \rightarrow \alpha$-Phasenübergang. In Bild 1 ist beispielsweise der Intensitätsverlauf der diatropen Reflexe von gerecktem Polyamid 6 dargestellt.

Milde Behandlungen des Polyamid 6 beeinflussen vor allem die pseudohexagonale Modifikation, die durch intensivere Einflüsse rasch zerstört wird, wodurch weitere Angriffe sich nur mehr auf die monokline α-Form auswirken. Charakteri-

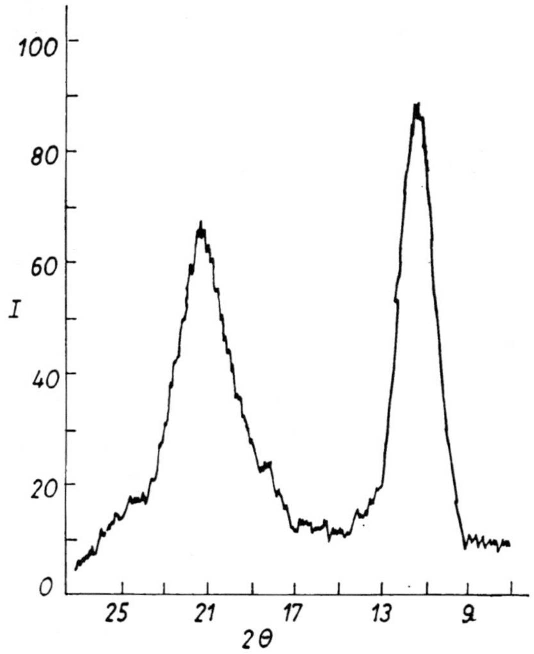

Bild 1. Meridionale Röntgenstreukurve von gerecktem Polyamid 6

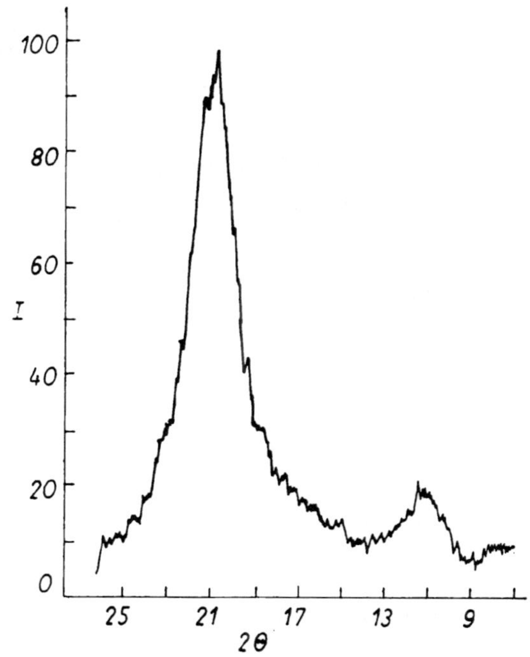

Bild 2. Meridionale Röntgenstreukurve von gerecktem Polyamid 6 nach Behandlung mit 4%iger wäßriger Phenollösung (10 min bei 100 °C)

stisch ist in dieser Beziehung das in Bild 2 wiedergegebene Röntgendiagramm längs des Meridians eines mit 4%iger Phenollösung bei 100 °C behandelten Polycaproamidfadens.

Die heiße Phenollösung bewirkt eine fast vollständige Umwandlung der pseudohexagonalen γ-Form (Abnahme des Reflexes bei $2\Theta = 11°$) und eine entsprechende Zunahme der monoklinen Form (Reflex bei $2\Theta = 21°$). Die Reflexe (002) und (004) sind demnach spezifisch für die verschiedenen durch chemische und physikalische Einflüsse bedingten Strukturveränderungen.

2. *Versuchsmaterial*

Es wurden Fäden aus Polyamid 6 hergestellt mit Reckverhältnissen (RV) zwischen 2,0 und 4,8. Das Recken wurde auf Produktionsmaschinen mit oder ohne Einsatz einer auf 160 °C erwärmten Heizplatte durchgeführt. Die zur Untersuchung benutzten Fäden wurden nach zwei Verfahren hergestellt:

1) Fäden mit gleichbleibender Spinnfeinheit (dtex 150/10) und variablem Reckverhältnis, d. h. unterschiedlicher Endfeinheit (z. B. bei RV = 3,4, dtex 44/10).
2) Fäden mit variabler Spinnfeinheit und unterschiedlichen Reckverhältnissen in der Weise, daß die Endfeinheit konstant ist (dtex 44/10).

3. *Meßmethoden*

3.1. Röntgenmessungen

Weitwinkelröntgendiagramme wurden mit Hilfe des Feinstruktur-Röntgenapparates „Kristalloflex IV" der Firma Siemens an einem Röntgengoniometer mit Szintillationszählrohr aufgenommen. Es wurde monochromatische CuK_α-Strahlung (λ = 1,541 8 Å) verwendet und mit Nickel gefiltert. Die Röntgenröhre wurde mit einer Spannung von 25 kV und einem Röhrenstrom von 14 mA betrieben. Die Strahlen wurden mit einer Aperturblende von $0{,}6 \times 4$ mm² ausgeblendet, die Breite der Detektorblende betrug 0,2 mm.

Für Kleinwinkelmessungen wurde der Prüfling in gleicher Weise hergestellt und in gleicher Lage der Fadenwindungen in den Strahleneingang eingesetzt wie bei den Weitwinkelmessungen. Es wurde ein Röntgengoniometer der Firma Rigaku/Denki verwendet, das ein Auflösungsvermögen von etwa 1 000 Å besitzt.

Die Arbeitsbedingungen sind folgende:

Abstand zwischen Fokus und erster Blende	= 80 mm;
Abstand zwischen erster und zweiter Blende	= 305 mm;
Abstand zwischen zweiter Blende und Prüfling	= 20 mm;
Abstand zwischen Prüfling und Zählrohr (bzw. dritter Blende)	= 320 mm.

Spaltweiten:

erste Blende	= 0,5 mm;
zweite Blende	= 0,3 mm;
dritte Blende	= 0,1 mm.

Die Intensitäten (I) der diatropen Reflexe bei verschiedenen Beugungswinkeln sind in willkürlichen Maßeinheiten angegeben und wurden nach der Methode von *Hermans* und *Weidiger* [23] normiert.

3.2. Färbeversuche

Im allgemeinen wurde das Prüfmaterial nach gründlicher alkalischer Vorwäsche (90 °C, 30 min) gefärbt. Das Färbebad enthielt 2% Durazoblau 2 R (von der Masse der Ware) sowie 2 g/l Borsäure und 1 g/l Univadin W (Ciba AG). Dieser Farbstoff ist besonders geeignet, Strukturunterschiede des Polymeren anzueignen.
Flottenverhältnis 1:80;
Färbedauer

a) bei 90 °C Färbetemperatur = 70 min von 40 bis 90 °C und 30 min bei 90 °C;

b) bei 105 °C Färbetemperatur = 70 min von 40 bis 105 °C und 30 min bei 105 °C.

Die Menge des vom Faden aufgenommenen Farbstoffes wurde nach Auflösung von 100 mg der Probe in 25 ml einer Lösung aus 80% m-Kresol und 20% Dimethylformamid auf spektrophotometrischem Wege bestimmt. Es wurde die Absorption bei 600 nm gemessen und mittels einer Eichkurve ausgewertet.

4. *Ergebnisse und Diskussion*

4.1. *Ungereckte Fäden*

Für Versuche mit variablem Reckverhältnis wurde der Faden mit 800 m/min gesponnen. Der Verzug, das Verhältnis zwischen Aufwindegeschwindigkeit und linearer Austrittsgeschwindigkeit aus der Spinndüse, betrug 33.

Um Fäden herzustellen, die nach dem Recken mit unterschiedlichen Reckverhältnissen eine konstante Feinheit besaßen, war es nötig, Proben von verschiedener Feinheit, d. h. mit veränderlichem Verzug, zu erspinnen. Dies wurde erreicht durch Variation der Drehzahl der Dosierpumpe, und damit der linearen Austrittsgeschwindigkeit des Polymeren aus der Spinndüse, bei gleichbleibendem Durchmesser der Spinndüsen und konstanter Aufwindegeschwindigkeit des Fadens. Diese Maßnahmen verursachen eine Änderung der Abkühlungsverhältnisse. Der veränderte Querschnitt der Einzelfäden bedingt eine veränderte Form und Länge der plastischen Zone des Fadens.

In diesem Falle wächst mit steigendem Verzug die Intensität des (002)-Reflexes bei $2\,\Theta = 11°$ und erreicht bei maximalem Verzug Werte, die denen der entsprechenden gereckten Fäden mit Reckverhältnissen von etwa 2 nahekommen. Die Kleinwinkelmessungen zeigen, daß mit wachsendem Verzug der Beugungswinkel $2\,\Theta$ des Streumaximums im wesentlichen unverändert bleibt; dagegen sinkt die Reflexintensität. Bei unveränderter Distanz zwischen den Lamellenzentren ist eine kontinuierliche, aber geringe Zunahme der statistischen parakristallinen Störungen zu beobachten.

4.2. *Fäden mit variablem Reckverhältnis*

In den Bilder 3 und 4 sind die Änderungen der Intensität im Meridian beim Beugungswinkel $2\,\Theta = 11°$ für gereckte Fäden mit variabler und konstanter Feinheit dargestellt. Beide Bilder zeigen, daß beim Warmrecken schon bei niedrigen Reckverhältnissen weitaus mehr pseudohexagonale Strukturen entstehen als beim Kaltrecken. Mit zunehmendem Reckverhältnis wird die γ-Form in die α-Form verwandelt. Die Umwandlung vollzieht sich beim Warmrecken wesentlich schneller als beim Kaltrecken.

Der Spinnfaden, der zur Herstellung der gereckten Fäden mit gleichbleibender Feinheit diente (Bild 4), wurde mit abnehmendem Verzug hergestellt. Bei einem Reckverhältnis von etwa 2 ist die Intensität des diatropen Reflexes bei $2\,\Theta = 11°$ dieser Fäden höher, als die der mit gleichbleibendem Verzug hergestellten Fäden, die unterschiedliche Feinheiten besitzen. Mit steigendem Reckverhältnis nimmt die Intensitätsdifferenz zwischen den in den zwei Versuchsserien hergestelleten Fäden merklich ab und verschwindet bei einem Reckverhältnis von 3,4.

In diesem Punkte sind die ungereckten Fäden beider Serien identisch.

In den Bildern 5 und 6 sind die entsprechenden Messungen des (004)-Reflexes ($2\theta = 21°$) dargestellt. In allen Fällen begünstigt das Recken bei erhöhter Temperatur die Ausbildung der monoklinen Modifikation. Die Intensitätsunterschiede sind infolge der milden und kurzen Behandlung, der die Proben ausgesetzt wurden, verhältnismäßig gering. Die Unterschiede werden deutlicher, wenn man die Beiträge zur Streuung der pseudohexagonalen Form berücksichtigt.

Bekanntlich liefert die Röntgenkleinwinkelstreuung ausführliche Informationen in bezug auf die übermolekulare Ordnung der gereckten Fäden. Es schien uns demnach lohnend, unsere Untersuchungen durch Kleinwinkelmessungen zu ergänzen. In den Bildern 7 und 8 sind die Ergebnisse der Röntgenkleinwinkeluntersuchungen dargestellt.

Beim Kaltrecken der Proben mit variabler Endfeinheit wächst die Langperiode oberhalb des Reckverhältnisses 3,4 stetig an. Dagegen verringert sich die Intensität der Reflexe nur wenig.

Beim Recken über ein gewisses Reckverhältnis hinaus vergrößert sich die Entfernung zwischen den Lamellen, ohne daß merkliche Veränderungen der statistischen Ordnung eintraten. Im Gegensatz dazu zeigt die Mikrostruktur, wie früher erwähnt, eine deutliche Umbildung.

In den Proben mit konstanter Endfeinheit bleibt bei der Zunahme des Reckverhältnisses die Langperiode fast völlig unverändert, während die Intensität der Reflexe leicht abnimmt.

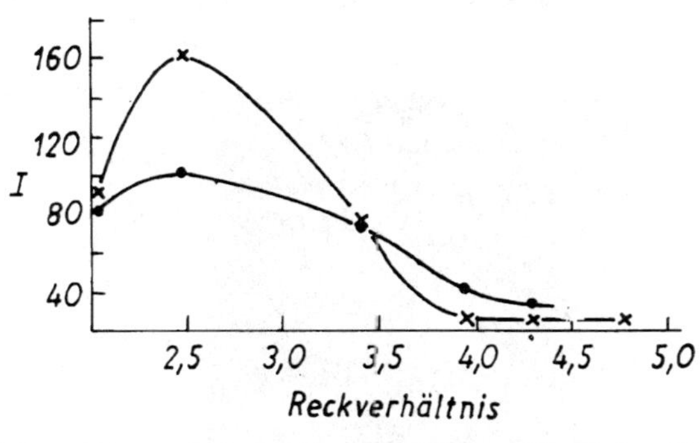

Bild 3. Abhängigkeit der Intensität I (in willkürlichen Einheiten des diatropen Reflexes (002) bei $2\theta = 11°$ vom Reckverhältnis bei variabler Endfeinheit (dtex 44/10 bei einem Reckverhältnis = 3,4)
× = warmgereckte Fäden
· = kaltgereckte Fäden

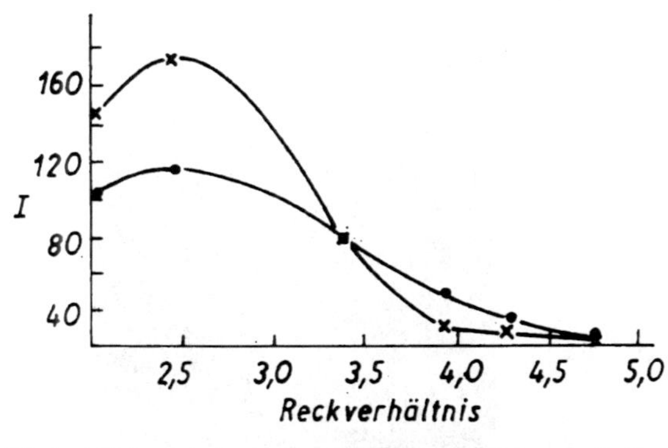

Bild 4. Abhängigkeit der Intensität I des diatropen Reflexes (002) bei $2\theta = 11°$ vom Reckverhältnis bei konstanter Endfeinheit (dtex) 44/10)
× = warmgereckte Fäden
· = kaltgereckte Fäden

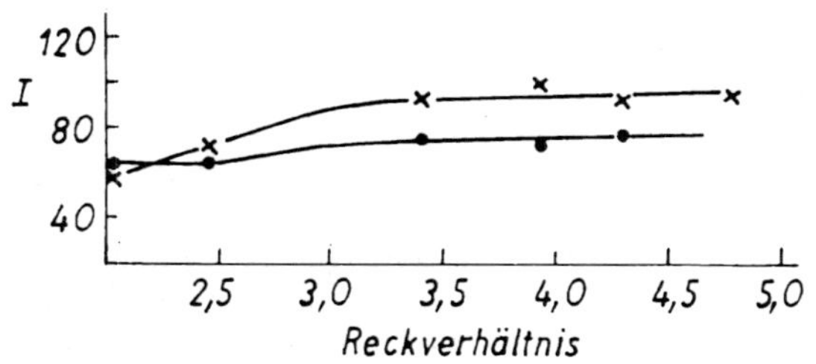

Bild 5. Abhängigkeit der Intensität I des diatropen Reflexes (004) bei 2 Θ = 21° vom Reckverhältnis bei variabler Endfeinheit (dtex 44/10 bei einem Reckverhältnis = 3,4)
× = warmgereckte Fäden
· = kaltgereckte Fäden

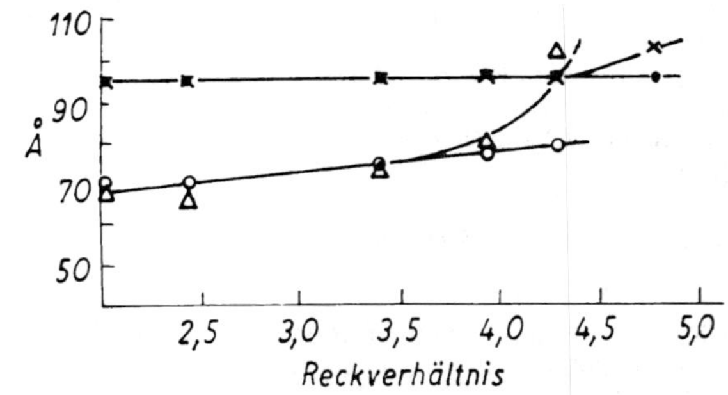

Bild 7. Abhängigkeit der Langperiode vom Reckverhältnis
× = Warmrecken bei konstanter Endfeinheit
· = Warmrecken bei variabler Endfeinheit
○ = Kaltrecken bei konstanter Endfeinheit
△ = Kaltrecken bei variabler Endfeinheit

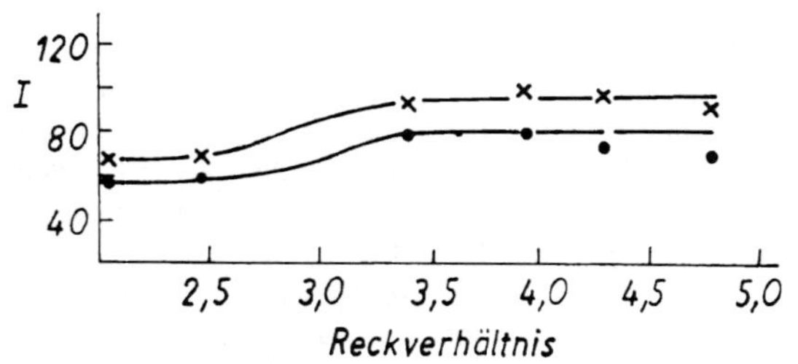

Bild 6. Abhängigkeit der Intensität I des diatropen Reflexes (004) bei 2Θ = 21° vom Reckverhältnis bei konstanter Endfeinheit (dtex 44/10)
× = warmgereckte Fäden
· = kaltgereckte Fäden

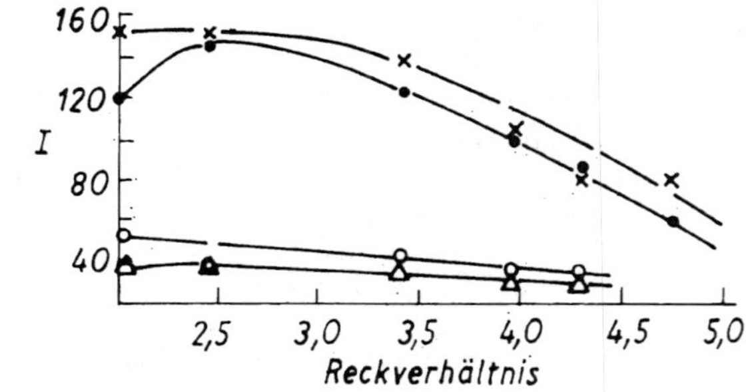

Bild 8. Abhängigkeit der Intensität I des Kleinwinkel-Reflexes vom Reckverhältnis
× = Warmrecken bei konstanter Endfeinheit
· = Warmrecken bei variabler Endfeinheit
○ = Kaltrecken bei konstanter Endfeinheit
△ = Kaltrecken bei variabler Endfeinheit

Der Unterschied der Langperioden bei den Proben der zwei Versuchsserien oberhalb eines gewissen Reckverhältnisses ist darauf zurückzuführen, daß sich bei Fäden mit variabler Endfeinheit die Einflüsse von Verzug und Recken überlagern.

Beim Warmrecken ändert sich die Langperiode in Abhängigkeit vom Reckverhältnis nicht merklich, obwohl der Absolutwert höher liegt als beim Kaltrecken; bis zu einem Reckverhältnis von 3,4 sind die Reflexe intensiver als beim Kaltrecken. Dadurch unterscheiden sich die Proben der zwei Versuchsreihen. Die Einwirkung von Wärme begünstigt das Recken und erhöht einerseits den Abstand zwischen den Lamellen, vermindert aber andererseits merklich ihre statistischen Schwankungen infolge der bekannten Umwandlungen der Lamellen in Fibrillen. Zum Beweisen dieses Phänomens sind in Bild 9 einige Röntgenkleinwinkeldiagramme wiedergegeben, aus denen in Übereinstimmung mit dem von *Dismore* und *Statton* [24] vorgeschlagenen Modell die Änderung der lateralen Dimension der Lamellen infolge der Fibrillenbildung gut zu erkennen ist.

Bei höheren Reckverhältnissen entspricht der anwachsenden Langperiode beim Kaltrecken eine schnellere Abnahme der Reflexintensitäten, die sich den bei kaltgereckten Fäden beobachteten nähern, was auf das Verschwinden der Lamellarstruktur hinweist.

Bild 9. Kleinwinkel-Röntgenogramm von gereckten Polyamid-6-Fäden
a) Reckverhältnis = 2,04; b) Reckverhältnis = 4,29

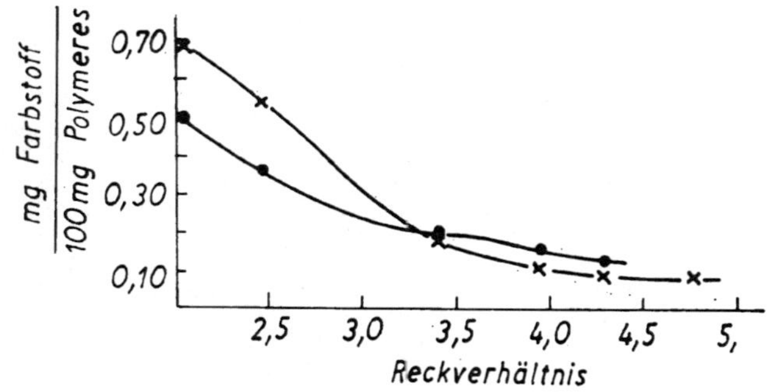

Bild 10. Abhängigkeit der Anfärbbarkeit von Polyamid-6-Fäden mit variabler Endfeinheit vom Reckverhältnis. Temperatur der Färbeflotte = 90 °C
× = warmgereckte Fäden
· = kaltgereckte Fäden

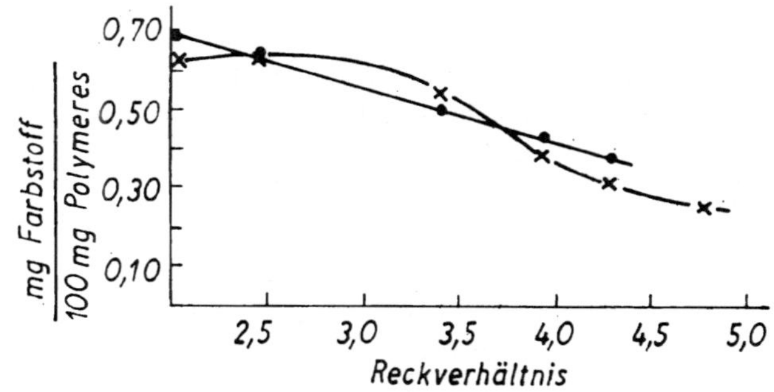

Bild 12. Abhängigkeit der Anfärbbarkeit von Polyamid-6-Fäden mit variabler Endfeinheit vom Reckverhältnis. Temperatur der Färbeflotte = 105 °C
× = warmgereckte Fäden
· = kaltgereckte Fäden

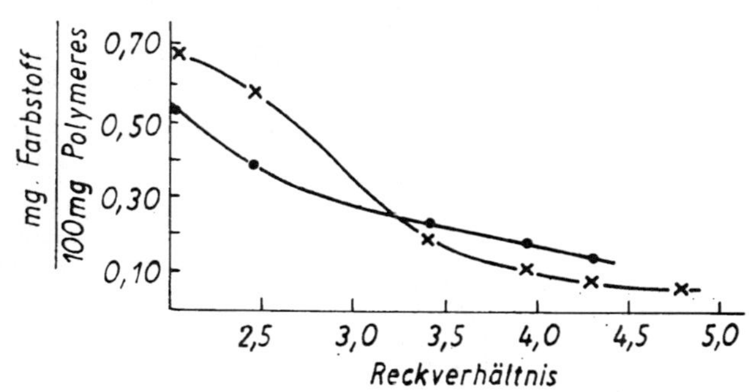

Bild 11. Abhängigkeit der Anfärbbarkeit von Polyamid-6-Fäden mit konstanter Endfeinheit vom Reckverhältnis. Temperatur der Färbeflotte = 90 °C
× = warmgereckte Fäden
· = kaltgereckte Fäden

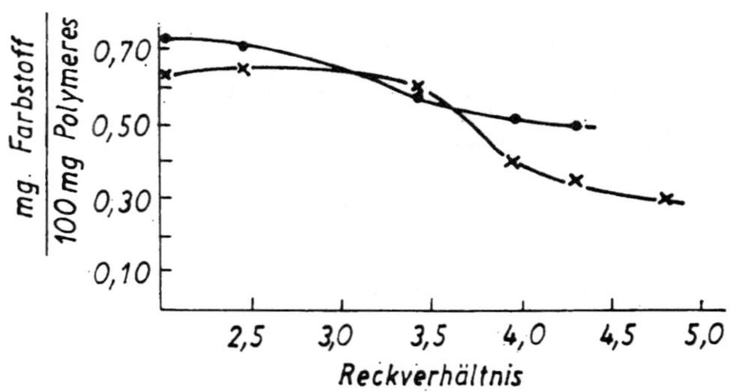

Bild 13. Abhängigkeit der Anfärbbarkeit von Polyamid-6-Fäden mit konstanter Endfeinheit vom Reckverhältnis. Temperatur der Färbeflotte = 105 °C
× = warmgereckte Fäden
· = kaltgereckte Fäden

4.3. *Anfärbbarkeit der Fäden in Abhängigkeit vom Reckverhältnis*

In den Bilder 10 und 11 sind die bei 90 °C von den gereckten Fäden aufgenommenen und nach den bereits beschriebenen Methoden bestimmten Farbstoffmengen in Abhängigkeit vom Reckverhältnis dargestellt. Der zu erwartende Zusammenhang mit den Intensitätswerten des diatropen Reflexes (002) ist nur teilweise, insbesondere bei niedrigem Reckverhältnis vorhanden und dieser Umstand wird besonders augenfällig beim Färben bei 105 °C, wie in den Bilder 12 und 13 ersichtlich ist. Unter diesen Verhältnissen kommt es zu einer Inversion der Anfärbbarkeit, da das warmgereckte Material bei niedrigen Reckverhältnissen weniger Farbstoff aufnimmt als das kaltgereckte, was im Gegensatz zur Färbung bei 90 °C steht.

Angesichts des unterschiedlichen Verlaufes dieser Kurven bei unterschiedlicher Färbetemperatur haben wir die Abweichungen einer strukturellen Umwandlung im Laufe des Färbens zugeschrieben. Zum Beweis dieser Annahme wurde eine Reihe von Proben mit Reckverhältnissen, die den Produktionsverhältnissen entsprechen, hergestellt und zum Simulieren des Färbevorganges bei 90 bzw. 105 °C, jedoch ohne Farbstoff, behandelt.

Im Bild 14 sind die Ergebnisse dieser Versuche dargestellt, aus denen hervorgeht, daß bei Behandlung der Proben mit Wasser bei 90 und 105 °C die diatrope Reflexintensität beim Beugungswinkel $2\,\Theta = 11°$ merklich abnimmt und daß die Steigung der Kurve: Intensität über Reckverhältnis sich verringert.

So wird es verständlich, daß die Gleichmäßigkeit der Färbungen in der Praxis mit steigender Färbetemperatur zunimmt. Zwei kinetische Einflüsse spielen dabei eine Rolle: einerseits die Farbstoffaufnahme, andererseits die strukturelle Umwandlung des Materials. Je nachdem,

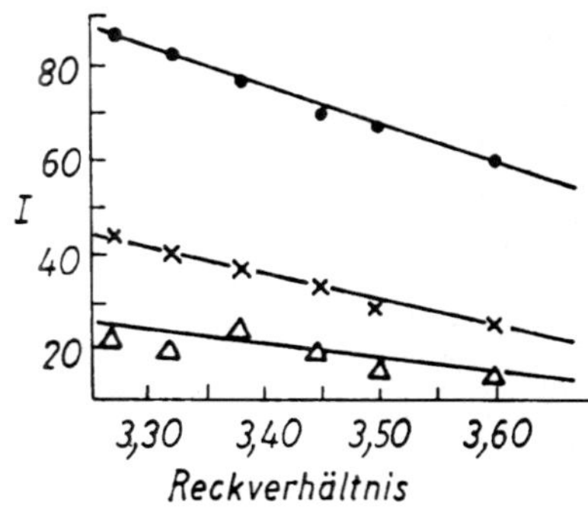

Bild 14. Abhängigkeit der Intensität I des diatropen Reflexes (002) ($2\theta = 11°$) der gereckten Polyamid-6-Fäden bei variabler Endfeinheit (dtex 44/10 bei RV = 3,4) vom Reckverhältnis
· = unbehandelt
× = nach Behandlung bei 90 °C
△ = nach Behandlung bei 105 °C

ob der eine oder der andere Einfluß überwiegt, ändern sich die Bedingungen der Farbstoffaufnahme. Beim Färben von zwei strukturell verschiedenen Proben im gleichen Bad kann der Farbstoff mehr oder weniger in die eine oder in die andere Probe eindringen.

Das Material, das zu den Versuchen diente, die im Bild 14 dargestellt sind, wurde auch für Röntgenkleinwinkelmessungen verwendet. Im Vergleich zum unbehandelten Faden ist, besonders nach Behandlung bei 105 °C und weniger bei 90 °C, eine bedeutende Zunahme der statistischen Schwankungen und der lamellaren Periodizität zu erkennen. Unter den beschriebenen experimentellen Verhältnissen ist allerdings ein Zusammenhang mit der Anfärbbarkeit des Materials nicht zu bemerken. Die Änderung der Kleinwinkelstreuung in Abhängigkeit vom Reckverhältnis liegt nämlich der Größenordnung nach innerhalb der Fehlergrenze der Meßmethode.

5. *Schlußfolgerung*

Es wird gezeigt, daß mit Hilfe von Aufnahmen der diatropen Reflexe (002) und (004) beim Beugungswinkel $2\Theta = 11°$ bzw. 21° die durch unterschiedliche Herstellungsweisen bedingten strukturellen Unterschiede der Polyamid-6-Fäden genau verfolgt werden können. Bei den Untersuchungen zeigte sich, daß sich beim Färben des Polyamid-6-Fadens gleichzeitig zwei Vorgänge abspielen, und zwar die Absorption des Farbstoffes und die strukturelle Umwandlung des Polymeren; je nachdem, ob die Geschwindigkeit des einen oder des anderen Vorganges überwiegt, kann die Färbung unterschiedlich ausfallen. Die Röntgenkleinwinkelmessungen ergänzen zweckmäßig diese Untersuchungen und liefern Informationen über Veränderungen der übermolekularen Ordnung, die durch Weitwinkelmessungen nicht gut zu erkennen sind. Dagegen liefern die Kleinwinkelmessungen, zumindest im untersuchten Gebiet des Reckens, keine Informationen über die Anfärbbarkeit der Fäden.

Daraus läßt sich folgern, daß bei Behandlungen des Materials, wie z. B. dem Färben, in Abhängigkeit von der Badtemperatur, eine Zunahme der lamellaren Struktur eintritt, ohne daß jedoch ein Zusammenhang mit dem Reckverhältnis zu erkennen wäre.

Literatur

[1] *Fuller, C. S., Baker, W. O.*, und *Pape, N. R.:* Crystalline behaviour of linear polyamides. Effect of heat treatment. J. amer. chem. Soc. **62** (1940) S. 3275—3281.

[2] *Brill, R.:* Über das Verhalten von Polyamiden beim Erhitzen. J. prakt. Chemie **161** (1942) S. 49—64.

[3] *Brill, R.:* Über Beziehungen zwischen der Struktur der Polyamide und der des Seidenfibroins. Z. physik. Chemie **B 53** (1943) S. 61—74.

[4] *Hess, K.*, und *Kiessig, H.:* Über Langperiodeninterferenzen und micellaren Faserfeinbau bei vollsynthetischen Fasern. Z. physik. Chemie **193** (1944) S. 196—217.

[5] *Wallner, L. G.:* Über den Einfluß der Kristallitlänge auf die Röntgen-Interferenzen der Polyamide. Monatsh. Chemie **78** (1948) S. 86—88.

[6] *Wallner, L. G.:* Über den Einfluß der Kristallitlänge auf die Röntgen-Interferenzen der Polyamide. Monatsh. Chemie **79** (1948) S. 279—295.

[7] *Holmes, D. R., Bunn, C. W.*, und *Smith, D. J.:* The crystal structure of polycaproamide, Nylon 6. J. Polymer Sci. **17** (1955) S. 159—177.

[8] *Ziabicki, A.:* Über die mesomorphe β-Form von Polycaproamid und ihre Umwandlung in die kristalline Form α. Kolloid-Z. **167** (1959) S. 132—141.

[9] *Vogelsong, D. C.:* Crystal structure studies on the polymorphic forms of Nylons 6 and 8 and other even nylons. J. Polymer Sci. Part A **1** (1963) S. 1055—1068.

[10] *Arimoto, H., Ishibashi, M.*, und *Hirai, M.:* Crystal structure of the γ-form of Nylon 6. J. Polymer Sci., A: General Papers **3** (1965) S. 317—326.

[11] *Reichle, A.*, und *Prietzschk, A.:* Spinnprozeß und Kristallstrukturen von Perlon-Fäden. Angew. Chemie **74** (1962) S. 562—569.

[12] *Ruscher, Ch.*, und *Versäumer, H.:* Über die Feinstruktur der Polyamide. I. Röntgenfeinstrukturbestimmungen an verschieden gesponnenen Perlon-L-Fasern. Faserforsch. u. Textiltechnik **10** (1959) 6, S. 245—248.

[13] *Ruscher, Ch.*, und *Schröder, H.-J.:* Über die Feinstruktur der Polyamide. II. Der Einfluß von kleinen Kristalliten auf das Röntgendiagramm von Polycaprolactam. Faserforsch. u. Textiltechnik **11** (1960) 4, S. 165—172.

[14] *Ruscher, Ch., Gröbe, V.*, und *Versäumer, H.:* Über die Feinstruktur der Polyamide. III. Der Einfluß von Flüssigkeitsbädern auf die Struktur und die Eigenschaften verschieden gesponnener Borsten und Fäden aus Polycaprolactam. Faserforsch. u. Textiltechnik **12** (1961) 5, S. 214—222.

[15] *Ruscher, Ch.*, und *Dechant, J.:* Über die Feinstruktur der Polyamide. IV. Bestimmung des Ordnungszustandes von Polycaprolactam durch Ultrarotspektroskopie. Faserforsch. u. Textiltechnik **15** (1964) 10, S. 481—490.

[16] *Dechant, J.*, und *Ruscher, Ch.:* Über die Feinstruktur der Polyamide. V. Dichroismus und Zuordnung des Ultrarotspektrums von Polycaprolactam. Faserforsch. u. Textiltechnik **16** (1965) 4, S. 180—185.

[17] *Wegener, W.*, und *Egbers, G.:* Zusammenhang zwischen den dynamometrischen Eigenschaften und der Struktur eines vorbehandelten Polyamid-6-Monofils. Chemiefasern **16** (1966) S. 396—406.

[18] *Wegener, W.*, und *Merkle, R.:* Beitrag zu röntgenografischen Feinstrukturuntersuchungen an Kräuselgarnen, dargestellt am Beispiel eines Polyamid-6-Falschdrahtgarnes. Chemiefasern **17** (1967) 8, S. 517—522.

[19] *Wegener, W.*, und *Jammer, H. C.:* Die Veränderung der Materialeigenschaften von Polyamid-6-Garnen durch die Texturierung nach dem Falschdrahtzwirnprozeß. Chemiefasern **18** (1968) 1, S. 61—64.

[20] *Hendus, H., Schmieder, K., Schnell, G.*, und *Wolf, K. A.:* Molekulare Anordnung von Polycaprolactam. Festschrift C. Wurster (1960) S. 293.

[21] *Rybnikar, F.*, und *Burda, J.:* Temperaturabhängigkeit der Gitterstruktur von Poly-6-capronamid. Faserforsch. u. Textiltechnik **12** (1961) S. 324—331.

[22] *Zurkov, S. N., Slucker, A. I.*, und *Jastrebinskij, A. A.:* Einfluß der Belastung auf die übermolekulare Struktur von orientierten Polymeren. Dokl. Akad. Nauk SSSR (Ber. Akad. Wiss. UdSSR) **153** (1963) 2, S. 303—305; engl. in: Soviet physic. Dokl. **8** (1964) S. 1083.

[23] *Hermans, P. H.*, und *Weidinger, A.:* Quantitative investigation of the X-ray diffraction picture of some typical rayon specimens. Textile Res. J. **31** (1961) 6, S. 558—571.

[24] *Dismore, F.*, und *Statton, W. O.:* Chain folding in oriented Nylon 66 fibers. J. Polymer Sci., C: Polymer Symposia (1966) 13, S. 133—148.

Eingegangen am 4. April 1972

Zur Schmelzviskosität von Polycaprolactamen mit niedrigen Aminoendgruppenkonzentrationen

Klaus Dietrich, Siegfried Tolsdorf und *Gerhard Reinisch*

Deutsche Akademie der Wissenschaften zu Berlin, Institut für Polymerenchemie in Teltow-Seehof, Abt. Polykondensate

DK 678.675'126-498.4:532.135:532.133:541.24

An Polycaprolactamen mit sehr weitgehend eingeschränkter Nachpolykondensationsfähigkeit wurden bei 230 bis 295 °C rotationsviskosimetrische Messungen durchgeführt. Die für 250 °C/10² s⁻¹ ermittelte Beziehung zwischen der Schmelzviskosität der zu 75 bis 40% acylierten Proben und ihren $\overline{M}_n$ wird mit Literaturwerten verglichen.

О вязкости расплавов образцов поликапролактама с низкой концентрацией концевых аминогрупп

Проведены измерения вязкости (при 230—295°C в ротационном вискозиметре) расплавов образцов поликапролактама со значительно пониженной способностью к постполиконденсации. Определенные для 250°C/10² сек⁻¹ значения зависимости между вязкостью расплавов образцов (степень ацилирования 75—40%) и их молекулярным весом ($\overline{M}_n$) сравниваются с литературными данными.

The Melt Viscosity of Polycaprolactam of Low Amino End Group Concentration

The melt viscosity of polycaprolactam samples having strongly limited ability of after-polycondensation was measured in a rotation viscosimeter between 230 and 295 °C. The relationship determined at 250 °C/10² s⁻¹ between the melt viscosity of samples having a degree of acetylation of 75 to 40% and the corresponding $\overline{M}_n$-values is compared with literature data.

1. Einleitung

Das Fließverhalten von Polycaprolactamschmelzen wird nicht nur durch die Parameter Temperatur, Schubspannung und Schergefälle sowie durch die mittlere rel. Molmasse des Polymeren bestimmt. Auch das Polykondensationsgleichgewicht

$$\frac{[-CONH-]\,[H_2O]}{[-COOH]\,[-NH_2]} = K_{PK}(T) \qquad (1)$$

übt einen entscheidenden Einfluß auf Stabilität und Kinetik der Fließvorgänge des Polymeren aus.

Nur wenn das Polymere den aus $K_{PK}(T)$, $[-COOH]$ und $[-NH_2]$ berechneten Gleichgewichtswassergehalt enthält und wenn der Aufschmelz- und Fließvorgang in einem geschlossenen System abläuft, bleibt der Polymerisationgrad des Polyamids auch während der schmelzerheometrischen Messungen konstant. Ist der Wassergehalt des festen Polymeren höher, dann wird es im schmelzflüssigen Zustand in geschlossenen Meßsystemen unter Kettenspaltung hydrolysiert. Bei niedrigeren Wassergehalten tritt Nachpolykondensation ein. Die Geschwindigkeit dieser Reaktionen hängt von Temperatur und Wassergehalt, vom Schmelze/Dampfraum-Verhältnis (in offenen und quasigeschlossenen Systemen) sowie von Transportvorgängen ab.

Verwendet man aber z. B. zur Ermittlung von Schmelzviskositäts/Molmassen-Beziehungen Polycaprolactame mit den jeweiligen Gleichgewichts-Wassergehalten, so ergibt sich das andere Problem, daß die Wassermoleküle die Fließvorgänge dieser Schmelzen beeinflussen können [1], und zwar je nach den $\overline{P}$ der Proben in unterschiedlicher Weise.

2. Experimenteller Teil

Für die Messung der Schmelzviskosität wurden in der Schmelze nachacylierte Polycaprolactame [3] mit unterschiedlichen Molmassen verwendet (Tabelle 1), die beim Wiederaufschmelzen keine Veränderungen der Molmasse mehr erfahren.

Das Granulat war auf Extraktgehalte von < 0,1% extrahiert [4] und durch Trocknung bei 110 °C (16 h, 1 Torr) auf Wassergehalte [5] von 0,01% gebracht worden. Die Verringerung des Gleichgewichtswassergehaltes gegenüber technischem Granulat ist beispielsweise an der Probe K 487 I zu ersehen. Bei 270 °C ergibt sich für dieses Produkt ein Gleichgewichtswassergehalt von 0,04%. Technisches Granulat mit einer Molmasse $\overline{M}_n$ von 14 700 und Endgruppenkonzentrationen von 67,7 μÄqu Carboxyl- und 33,2 μÄqu Aminoendgruppen pro Gramm hat bei gleicher Temperatur einen Gleichgewichtswassergehalt von 0,18% ($K_{PK\,(T)270\,°C} = 400$ [6]).

Als Viskosimeter wurde das Kegel/Platte-Rotationsviskosimeter der Fa. Haake (Westberlin) verwendet. Dieses Gerät ermöglicht die Messung in Schutzgasatmosphäre (N_2) — mit einer Temperaturkonstanz von ±0,3 grd. Die maximale Aufschmelz- und Temperierzeit, gerechnet von der Substanzaufgabe, beträgt 4 min, der eigentliche Meßvorgang dauert 1 min. Der Substanzbedarf ist mit ca. 10 mg sehr gering. Die Fehlergrenze der Messungen lag bei ±10% vom Meßwert.

3. Ergebnisse und Diskussion

Zum Nachweis der Nachpolykondensation unter den Bedingungen des Rotationsviskosimeters wurden zunächst drei Proben mit unterschiedlicher Aminoendgruppenkonzentration, aber praktisch gleicher Mol-

Tabelle 1. Aminoendgruppenblockierte Polycaprolactame für Schmelzviskositätsmessungen

Proben Nr.	Versuchs-Nr.	$\overline{M}_n$ ¹)	[-NH₂]²) μÄqu/g	[-COOH]²) μÄqu/g	Acylierungsgrad %
1	K 497 I	9250	8,5	102,0	91,7
2	K 496 I	10400	8,2	104,5	92,2
3	K 495 I	10850	6,9	105,0	93,4
4	K 494 II	12200	10,5	85,0	87,6
5	K 493 II	13680	10,0	78,5	87,3
6	K 491 I	14450	9,2	72,4	87,3
7	K 487 I	15800	10,0	55,0	81,8
8	K 488 I	18400	11,0	48,0	77,1
9	K 489 I	19990	12,2	51,0	76,1
10	K 490 I	21200	12,5	48,0	74,0

¹) aus [η] in 95,6 %iger H_2SO_4 bei 20 °C mit $[\eta] = 5{,}12 \times 10^{-2}\,\overline{M}_n^{\,0{,}79}$ [2].

²) Zur Bestimmungsmethodik vgl. [3].

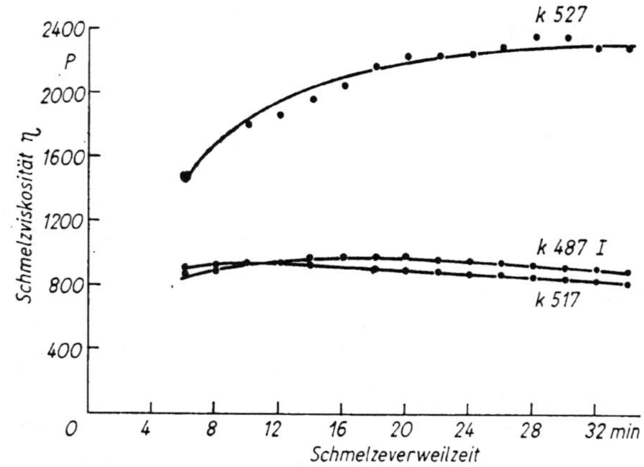

Bild 1. Veränderung der Schmelzviskosität von reglerfreiem und partiell aminoendgruppenblockiertem Polycaprolactam bei 250°C im Kegel/Platte-Viskosimeter unter einer Schergeschwindigkeit von 55 s^{-1} (Materialien aus Tabelle 2)

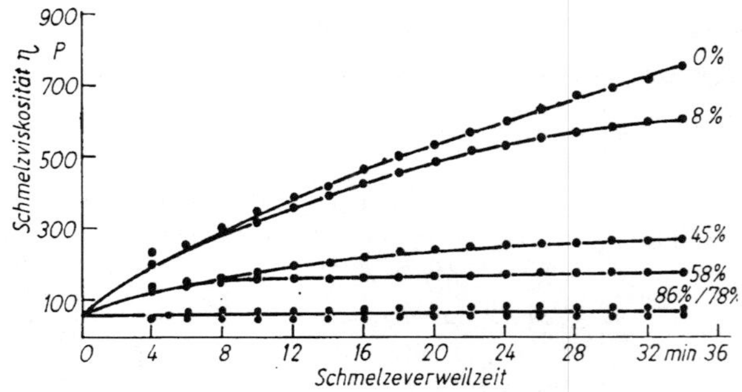

Bild 2. Veränderung der Schmelzviskosität von stufenweise in fester Phase nachacyliertem Polycaprolactam bei 250°C

masse eingesetzt (Tabelle 2). Die Meßzeit betrug bei 250°C unter einer Schergeschwindigkeit von 55 s^{-1} 30 min. Wie Bild 1 zeigt, erhöht sich die Schmelzviskosität der völlig reglerfreien Probe K 527 über der Zeit im Gegensatz zu den aminoendgruppenblockierten Proben K 487 I und K 517 stark. Außerdem ist der große Viskositätsunterschied zu Meßbeginn zu beachten. Meßbeginn war 5 min nach Substanzaufgabe. Die Unterschiede zwischen K 487 I und K 517 liegen innerhalb der Fehlergrenze.

Zur Verdeutlichung des Einflusses der Endgruppenkonzentration wurde ein niedermolekulares Polycaprolactam in fester Phase stufenweise nachacyliert [7]. Die Acylierbedingungen und die analytische Charakterisierung der erhaltenen Materialien sind in Tabelle 3 zusammengestellt. Der Abfall der rel. Lösungsviskosität über die Acylierungszeit ist so gering, daß sein Einfluß auf die Veränderung der Schmelzviskosität vernachlässigt werden kann.

Die Ergebnisse der Viskositätsmessung zeigen (Bild 2), daß mit abnehmendem Acylierungsgrad die Nachpolykondensation stark zunimmt, während bei den weitgehend acylierten Proben mit Acylierungsgraden über 75% die Schmelzviskosität über die gesamte Meßzeit konstant bleibt. Man kann sicher die Kurven vom Meßbeginn an (4 min) auf einen gleichen Wert der Ausgangsviskosität von ca. 80 extrapolieren, ohne einen großen Fehler zu begehen. Aus den Kurvenverläufen kann man außerdem ableiten, daß bei Polycaprolactam in der Schmelze keine Linearassoziationen über die freien Endgruppen auftreten.

Mit den zehn nachacylierten Proben aus Tabelle 1 wurde die Schmelzviskositäts/Molmassen-Beziehung ermittelt und die Aktivierungsenergie des viskosen Fließens berechnet.

Übereinstimmend mit *Pezzin* und *Gechele* [8] zeigte sich, daß Polycaprolactamschmelze entgegen den Feststellungen anderer Autoren [9] keine ideal *Newton*sche Flüssigkeit ist. Da mit der verwendeten Meßeinrichtung die für alle Proben anwendbare höchstmögliche Schergeschwindigkeit 100 s^{-1} beträgt, konnte nicht überprüft werden, inwieweit die am Kapillarviskosimeter gewonnene Feststellung von *Kamide* und *Fujii* [10], daß sich das angenähert *Newton*sche Verhalten bei geringen Scherungen ($< 10^2\ s^{-1}$) bei höheren Scherungen und Molmassen in ein stark nicht-*Newton*sches verändert, auch für die Kegel/Platte-Meßeinrichtung zutreffend ist.

Der Anstieg der Fließkurven ($d \log \gamma / d \log \tau$) bei 250°C liegt bei allen Proben über 1,0, eine Abhängigkeit von der Molmasse ist im untersuchten Molmassenbereich nicht feststellbar (Tabelle 4). Die in Tabelle 4 angegebenen Fließindices ergeben einen Mittelwert von 1,1 und stimmen somit mit den Ergebnissen von *Pezzin* und *Gechele* [8] überein.

Da mit dem verwendeten Meßsystem die Extrapolation der Schmelzviskosität auf das Schergefälle Null nicht möglich ist, wurde die Schmelviskositäts/Molmassen-Beziehung aus den Werten der Tabelle 4 für eine

Tabelle 2. Polycaprolactame gleicher Molmasse mit unterschiedlicher Aminoendgruppen- und Kettenlängenregulatorkonzentration

Proben. Nr.	Versuchs Nr.	$\overline{M}_n$	Kettenlängenregulator mol/mol CL	[-NH_2] Äqu/g
1	K 487 I	15800	CH_3COOH 1/450	10,0*)
2	K 517	15800	CH_3COOH 1/160	21,3
3	K 527	14950	—	79,6

*) nachstabilisiert mit N-Acetylcaprolactam

Tabelle 3. Stufenweise Acylierun von reglerfreiem Polycaprolactam (K 531)

Acylierungszeit h	Acylierungstemp. °C	η rel.*)	[-COOH] μÄqu/g	[-NH_2] μÄqu/g	Acylierungsgrad %
0	—	1,308	151,1	150,4	0
1	60	1,308		138,7	8
1	80	1,308		82,9	45
1	100	1,303	149,5	63,7	58
10	100	1,296		32,8	78
15	100	1,292		20,7	86

*) 0,5 g/dl, 95,6%ige H_2SO_4, 20°C

Tabelle 4. Molmassen, Schmelzviskosität und Fließindex der nachacylierten Polycaprolactame

Versuchs-Nr.	$\overline{M}_n$	$\eta_{100/250\,°C}$	Fließindex*) n
K 497 I	9250	180	1,13
K 496 I	10400	230	1,08
K 495 I	10850	305	1,07
K 494 II	12200	470	1,07
K 493 II	13680	640	1,10
K 491 I	14450	785	1,14
K 487 I	15800	1080	1,13
K 488 I	18400	1700	1,07
K 489 I	19900	1700	1,13
K 490 I	21200	2750	1,02

*) $n = \mathrm{d}\log\gamma/\mathrm{d}\log\tau$ für γ von 10^1 bis $10^2 \cdot s^{-1}$

Schergeschwindigkeit von $10^2\ s^{-1}$ durch lineare Regression von $\log\eta$ und $\log\overline{M}_n$ berechnet (2). Wert Nr. 9 wurde dabei nicht berücksichtigt.

$$\eta_{100/250\,°C} = 9{,}9 \cdot 10^{-12} \cdot \overline{M}_n^{\,3,34}. \tag{2}$$

Die Bestimmung der Aktivierungsenergie für eine Probe (K 497 I) bei der Schubspannung $\tau = 3 \cdot 10^5$ dyn/cm² zwischen 230 und 295 °C ergab 11,0 kcal/mol; von anderen Autoren werden 9 bis 13 ($\gamma = 10^1\ s^{-1}$, Kapillarviskosimeter) [8] bzw. 13,4 bis 14,4 kcal/mol [9] angegeben.

Unter Verwendung des Wertes von 11,0 kcal/mol für die Aktivierungsenergie wurden die Schmelzviskositäten von [8] für nicht im Vakuum behandelte Proben bei dem Schergefälle $\gamma = 10^2\ s^{-1}$ auf die Temperatur von 250 °C umgerechnet. Für die Bestimmung der Molmassen wurde nicht das von *Pezzin* und *Gechele* benutzte Endgruppenmolmassenmittel verwendet, sondern die Lösungsviskositäten bei 20 °C in konz. Schwefelsäure über die für Polycaprolactam sehr zuverlässige [11] *Matthes*-Beziehung

$$[\eta] = \frac{2}{c}\left(\sqrt{\mathrm{rel}^{-1}}\right) \tag{3}$$

und die Beziehung

$$[\eta] = 5{,}12 \cdot 10^{-2} \cdot \overline{M}_n^{\,0,79}\ [2]$$

Tabelle 5. Schmelzviskositäten und Molmassen von ausgesuchten Proben aus [8] und ihre Umrechnung auf $\gamma_{100/250\,°C}$ bzw. auf viskosimetrisches Molmassenmittel

Probenbezeichnung	$\eta_{100/230\,°C}$ P	$\eta_{100/250\,°C}$ P	$\overline{M}_n$ (Endgruppen [8])	$\overline{M}_n$ (viskosimetrisch)
B 41	4500	2950	19100	20800
E 415 T	10700	7020	22300	27900
E 205	3300	2170	17600	19700
B 25	2100	1380	15600	17500
D 66	1450	953	14650	14600
D 69	1650	1080	14450	14600
D 579c	1650	1080	17100	17900
D 575c	1750	919	14150	16800
D 57	1400	820	12200	13400
D 62	1100	630	11800	13300
D 300	660	387	11200	13300
D 301	620	328	10650	11000
B 15	250	138	8500	9100

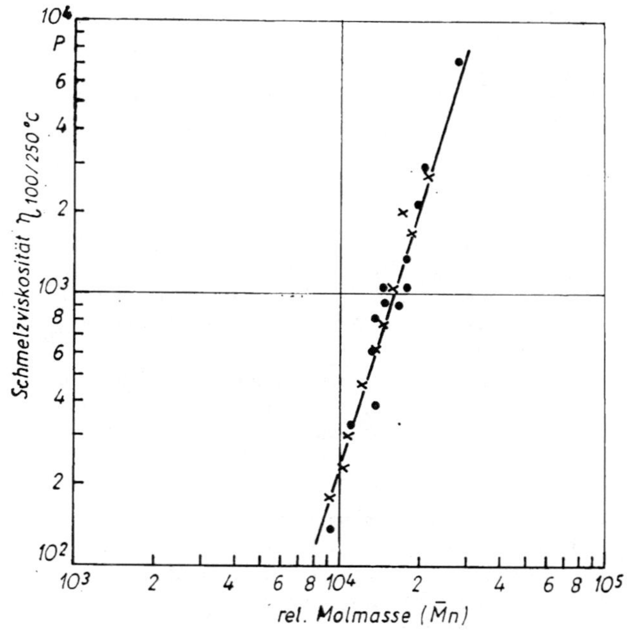

Bild 3. Schmelzviskositäts/Molmassen-Beziehung für nachacylierte Polycaprolactame im Kegel/Platte-Viskosimeter bei 250 °C (Kreuze) und für aus [8] auf 250 °C umgerechnete Werte, erhalten im Kapillarviskosimeter (Punkte) (Werte von Tabellen 4 und 5)

umgerechnet. Das viskosimetrische Molmassenmittel ist genauer als das Endgruppenmittel, da man bei der Polycaprolactamherstellung, besonders unter Verwendung von Vakuum, mit Endgruppenanomalien rechnen muß [12]. Die Umrechnungsergebnisse sind in Tabelle 5 zusammengefaßt. Die lineare Regressionsrechnung ergibt die Beziehung

$$\eta_{100/250\,°C} = 8{,}94 \cdot 10^{-12} \cdot \overline{M}_n^{\,3,35}. \tag{4}$$

Bild 3 enthält Werte, die zu den Beziehungen (2) (Kreuze) und (4) (Punkte) geführt haben. Man erkennt im Molmassenbereich von $8 \cdot 10^3$ bis $3 \cdot 10^4$ gute Übereinstimmung, wenn auch die von [8] übernommenen Meßwerte etwas stärker streuen. Die Übereinstimmung beider Beziehungen wird noch deutlicher, wenn man nach beiden Beziehungen für angenommene Molmassen die Schmelzviskositäten berechnet (Tabelle 6).

Die ähnliche Beziehung von *Kamide* und *Fujii* [10],

$$\eta_{0/250} = 4{,}0 \cdot 10^{-12} \cdot \overline{M}_v^{\,3,38}, \tag{5}$$

ebenfalls am Kapillarviskosimeter ermittelt, liefert bereits bei η_0 niedrigere Schmelzviskositäten; bei einem Schergefälle von 100 s⁻¹ sind, durch das nicht-*Newton*sche Verhalten bedingt, noch niedrigere Werte zu erwarten.

Tabelle 6. Vergleich von Schmelzviskositäten, berechnet nach Gleichungen (2), (4) und (5)

$\overline{M}_n$	Schmelzviskosität P ($\eta_{100/250\,°C}$)		$\eta_{0/250\,°C}$
	nach Gleichung (2)	nach Gleichung (4)	nach Gleichung (5)
10000	227	225	132
15000	879	874	521
20000	2297	2290	1335

Die niedrigen Viskositätswerte können durch hohe Extraktgehalte (< 1,0%) oder ungenügende Trocknung bedingt sein (vgl. Tabelle 6).

Die ausgezeichnete Übereinstimmung der am Kapillarviskosimeter erhaltenen korrigierten *Pezzin*-Beziehung (Gleichung 4) mit unseren an der Kegel/Platte-Einrichtung gewonnenen Ergebnissen (Gleichung 2) läßt folgende Rückschlüsse zu:

1. Unter den Meßbedingungen von *Pezzin* und *Gechele* (230 °C, Wassergehalt < 0,15%, Extraktgehalt < 0,4%) wird auch bei nicht nachacyliertem Polycaprolactam die „wahre" Schmelzviskosität ermittelt. Nachpolykondensation tritt dabei praktisch nicht ein. Bei höheren Temperaturen ist aber die Nachpolykondensation nicht mehr zu vernachlässigen (vgl. Bilder 1 und 2). Die Übereinstimmung bei 250 °C wird nur durch die Umrechnung der „idealen" 230 °C-Werte vorgetäuscht.
2. Kegel/Platte-Rotationsviskosimeter und Kapillarviskosimeter können auch bei Polycaprolactam übereinstimmende Ergebnisse liefern, wenn Gleichgewichtswassergehalt und Nachpolykondensation berücksichtigt werden.
3. Die Übereinstimmung der Ergebnisse zeigt weiterhin, daß Wassergehalte bis 0,15% und Extraktgehalte bis 0,4% keinen direkten Einfluß auf die Schmelzviskosität besitzen. Höhere Extraktgehalte können aber evtl. die Schmelzviskosität erniedrigen (vgl. Tabelle 6).
4. Der zur Umrechnung verwendete Wert von 11,0 kcal/mol für die Aktivierungsenergie ist richtig und im Molmassenbereich von $8 \cdot 10^3$ bis $3 \cdot 10^4$ molmassenunabhängig.
5. Es bestätigt sich einmal mehr die Zuverlässigkeit der viskosimetrischen Molmassenbestimmung an Polycaprolactam in Schwefelsäure.

Frau *Geistlinger* danken wir für die gewissenhafte Durchführung der Viskositätsmessungen.

Dem VEB Chemiefaserkombinat Schwarza „Wilhelm Pieck" in Rudolstadt danken wir für die materielle Förderung dieser Arbeiten.

Literatur

[1] *Dumanski, I. A., Chailenko, L. V.*, und *Prokopenko, C. V:* Untersuchung der Schmelzviskosität von KAPRON. Kolloid. Z., Moskva **25** (1963) S. 646—648.

[2] *Reinisch, G.:* Habil.-Schrift, Martin-Luther-Universität Halle—Wittenberg 1970/71.

[3] *Reinisch, G.*, und *Dietrich, K.:* Zur Nachacylierung der Aminoendgruppen von Polycaprolactam. Faserforsch. u. Textiltechnik **21** (1970) S. 367—370.

[4] *Reinisch, G.*, und *Dietrich, K.:* Über die Aussagesicherheit verschiedener Methoden zur Bestimmung der niedermolekularen Anteile von Polycaprolactam. Faserforsch. u. Textiltechnik **19** (1968) S. 149—154.

[5] *Dietrich, K.:* Zur manometrischen Wasserbestimmung in Polyamidschnitzeln. Faserforsch. und Textiltechnik **20** (1969) S. 198—199.

[6] *Reinisch, G.*, und *Gohlke, U.:* Vortrag auf dem III. Internat. Symp. Polykondensationsprozesse in Kiew/UdSSR, Okt. 1971.

[7] *Rafler, G.*, und *Reinisch, G.:* Methodische Untersuchungen zur phasentrennenden Fraktionierung von Polycaprolactam. Angew. makromol. Chemie **20** (1971) S. 57—69.

[8] *Pezzin, G.*, und *Gechele, G. B.:* Capillary viscosimetry of molten polycaprolactam. J. appl. Polymer Sci. **8** (1964) S. 2195—2212.

[9] *Volkova, N. S., Dorozkin, A. S., Samsonova, I. S.*, und *Konkin, A. A.:* Über die rheologischen Eigenschaften von Polycaproamidschmelze. Chim. Volokna (Chem. Fasern) **1966**, 2, S. 40—42; dt. in: Sowjet. Beitr. Faserforsch. Textiltechnik **3** (1966) S. 393—395.

[10] *Kamide, K.*, und *Fujii, K.:* Kapillares Fließen von Poly-ε-Caprolactamschmelze. Kobunshi Kagaku, Tokyo (Chem. High Polymers) **24** (1967) 267, S. 465—471.

[11] *Rafler, G.*, und *Reinisch, G.:* Zur Ermittlung von [η] für Polycaprolactame. Faserforsch. u. Textiltechnik **21** (1970) S. 412—415.

[12] *Reinisch, G.:* Melt polycondensation reactions. Polimery, Warszawa **15** (1970) S. 382—387.

Eingegangen am 10. April 1972

Faserforschung und Textiltechnik 23 (1972) Heft 8

Die Polykondensation des Bis-(2-hydroxyäthyl)-terephthalats in dünnen Schmelzeschichten

Pavel Čefelin und Rudolf Markes[1])

Institut für makromolekulare Chemie, Tschechoslowakische Akademie der Wissenschaften, Praha 6 — Petring
Volkseigener Betrieb SILON, Planá n. Luž., Böhmen, ČSSR

DK 678.674'524'420:66.095.3:66—914.3:541.128:541.127.1:541.24

Für Monomerenansätze unter 1g wurden Polykondensationsverfahren in statischen und rotierenden, dünnen Schmelzeschichten ausgearbeitet, in denen Masseänderungen des durch Destillation eintretenden Verlustes an Monomeren sowie der Einfluß von Katalysatorkonzentration, Polymerisationsgrad und Diffusion auf die Reaktionsgeschwindigkeitskonstanten der Polykondensation untersucht werden können. Die vorgeschlagenen Verfahren eignen sich im besonderen zur qualitativen Bewertung der Ausgangsprodukte im Hinblick auf ihre Eignung für die Polyesterherstellung.

Процесс поликонденсации бис-(2-оксиэтил)-терефталата в тонком слое расплава

Для проведения процесса поликонденсации мономеров в количествах меньше 1 г были разработаны методы с использованием статических или вращающихся тонких слоев расплава. Эти методы позволяют установить потери мономеров в результате испарения, показать влияние концентрации катализатора, СП и диффузии на скорость реакции, а также определить величины констант скорости поликонденсации. Предлагаемые методы можно успешно применять для качественной оценки небольших количеств мономеров в отношении их пригодности для получения полиэфиров.

Thin-layer Melt Polycondensation of Bis(2-hydroxyethyl)-terephthalate

With samples of monomers weighing less than 1g, methods of polycondensation in unmoved and rotating thin layers have been established, which allow to estimate the loss of monomer by evaporation, to determine the effects of catalyst concentration, degree of polymerisation and diffusion processes on the rate of reaction and to evaluate the rates of polycondensation. These methods can be used for qualitative estimation of the suitability of the initial substances for the preparation of polyesters.

1. *Einleitung*

Die Problematik der Darstellung und der Eigenschaften des Polyäthylenterephthalats ist Gegenstand zahlreicher Patentschriften und Originalarbeiten. Besonders schwierig erweisen sich Untersuchungen zur Kinetik der Polykondensation des Bis-(2-hydroxyäthyl)-terephthalats im offenen System, also in einem System, wie es auch technisch genutzt wird. Im Verlauf der Polyumesterungsreaktion geht das Monomere unter Abspaltung von Äthylenglykol in eine Schmelze höherer Dichte über, deren Viskosität um einige Potenzen ansteigt [1]. Neben den völlig evidenten Bedingungen für kinetische Untersuchungen, also isothermes System und konstantes Reaktionsvolumen sollten auch die folgenden Voraussetzungen erfüllt sein: geringer Partialdampfdruck des Glykols über der Schmelze, keine Verluste an anderen flüchtigen Komponenten aus dem Reaktionsmedium und Reduzierung auf ein Minimum des Einflusses der Diffusion des Äthylenglykols durch die Schmelze auf die Reaktionsgeschwindigkeit. Die Einhaltung dieser Bedingungen ist vom Gesichtspunkt der apparativen Anordnung anspruchsvoll, denn *Pochetti* und *Schippa* [2] konnten durch quantitative Messung zeigen, daß bereits bei 190 °C und $p < 1$ Torr 99% des Monomeren verflüchtigt werden und der verbleibende Polyester den Polymerisationgrad $\overline{P}_n = 9$ besitzt.

In der Literatur wird die katalysierte Polykondensation in der Schmelze im offenen System als Reaktion erster [3], zweiter [4, 5] und auch dritter [6, 7] Ordnung bezeichnet. Der Widerspruch in den gefundenen Ergebnissen konnte in manchen Fällen auf die Rückreaktion zurückgeführt werden, deren Ausmaß von der Geschwindigkeit der Diffusion des Glykols durch die Schmelze abhängt.

Viele methodische Schwierigkeiten lassen sich vermeiden, wenn man die Polykondensation in Lösung durchführt. In α-Methylnaphthalin als inertem Lösungsmittel für das Monomere und das Polymere kann die Reaktion bei konstanter Temperatur, konstantem Volumen und konstanter Katalysatorkonzentration und bei Normaldruck ausgeführt werden, wobei das Reaktionsglykol als Azeotrop aus dem Reaktionsmedium entfernt wird. Für diese Reaktionsbedingungen fanden wir, daß die Polyäthylenterephthalatbildung nach einem Zeitgesetz zweiter Ordnung abläuft [1]. Die Übereinstimmung der Ergebnisse dieses Meßverfahrens, bei dem die Reaktion nicht diffusionsbeeinflußt sein kann, mit den Ergebnissen von *Koršak* u. Mitarb. [5], die die Polykondensation in einer dünnen Schmelzeschicht untersuchten, deutet darauf hin, daß der Hauptfaktor, der die Polykondensation in der Schmelze beeinflußt, wahrscheinlich die Diffusion ist. Auch *Rafler*, *Reinisch* und *Zimmermann* [8] haben nach sorgfältigem Durcharbeiten und Abgleichen ihrer nach dem klassischen Destillationsverfahren durchgeführten Experimente die Polykondensation als eine Reaktion zweiter Ordnung bezeichnet. Die Lösungspolykondensation sowie das klassische Verfahren in der gerührten Schmelze haben einen gemeinsamen Nachteil, der darin besteht, daß sie von einer verhältnismäßig großen Menge Bis-(2-hydroxyäthyl)-terephthalat ausgehen. Für Ansätze unter 1 g werden in der vorliegenden Arbeit Polykondensationsverfahren in sehr dünnen Schmelzeschichten vorgeschlagen, die neben der Lösung spezifischer Probleme bei der Bildung des Polyäthylenterephthalats auch allgemeinere Bedeutung besitzen.

2. *Experimenteller Teil*

Bis-(2-hydroxyäthyl)-terephthalat, F = 110 bis 110,5 °C (sublimiert), und Bis-(2-hydroxyäthyl)-isophthalat, F = 77,5 bis 78,5 °C (Dichlormethan), wurden durch Veresterung von Terephthalsäure (Fa. Mobil Oil Co., USA) bzw. Isophthalsäure (Amoco, Chicago) mit Äthylenoxid dargestellt [1]. 1,2-Di[p-(2-hydroxyäthoxycarbonyl)-benzoyloxy]äthan wurde nach *Zahn* und *Krzikalla* [9] bereitet, F = 162 bis 163 °C.

[1] Jetzige Anschrift: Státní výzkumný ústav textilní Liberec, Böhmen

Das kommerzielle Triphenylphosphat wurde aus Äthanol umkristallisiert, $F = 49$ bis 50 °C. Antimon(III)-acetat wurde nach *Nerdel* und *Kleinwächter* [10] hergestellt, Zinkacetat und Antimontrioxid waren Handelspräparate größter Reinheit (Fa. Merck, Darmstadt). Als inertes Gas diente Argon, das am Cu-Katalysator bei 200 °C von Sauerstoffspuren befreit sowie mit Kaliumhydroxid und Molekularsieb 5 Å (Fa. Lachema, ČSSR) getrocknet wurde.

Die Viskosität der 0,5%igen Polymerlösungen (Masse/Volumen) wurde in Phenol/Acetylentetrachlorid (1:1) bei 25 °C in einem Viskosimeter nach *Ubbelohde* (Kapillarweite: 0,8 mm) bestimmt; die Grundviskosität wurde nach *Frind* [11] berechnet, zur Berechnung von $\bar{M}_n$ wurde die Beziehung von *Koepp* und *Werner* [12] verwendet.

2.1. Polykondensation in der rotierenden Ampulle

Eine Glasampulle von 12 mm Durchmesser, die 0,5 g des Monomeren mit dem Katalysator enthielt und bei einem Druck von $1 \cdot 10^{-3}$ Torr zugeschmolzen worden war, wurde mit ihrem kürzeren Teil (35 mm) in einem elektrisch geheizten Metallblock in die Hohlwelle des Motors (Bild 1) eingespannt. Bei einer Umdrehungsgeschwindigkeit von 2700 U/min wurde die Temperatur in vorgewählter Dauer auf 200, 240 und 280 °C gehalten; dazu dienten eine Widerstandsheizwicklung und ein Platinwiderstands-Temperaturfühler, die über einen Kollektor (in Bild 1 im Block nicht eingezeichnet) mit einem Impuls-Programmregler verbunden waren. Der längere Teil der Ampulle mit der Einschmelzung wurde durch Wasserberieselung gekühlt; die Verengung der Ampulle verhinderte den Übertritt der Schmelze aus dem kürzeren, erhitzten in den gekühlten Teil. Nach Abkühlen wurde die Ampulle in eine spezielle Brechvorrichtung gegeben, in der sie an der verengten Stelle zerbrochen wurde; aus den Angaben des angeschlossenen Kompressionsvakuummeters wurde durch Multiplizieren mit dem Quotienten aus dem Volumen der Ampulle und dem Volumen der Einrichtung der nach der Reaktion in der Ampulle herrschende Druck bestimmt. Nach Herausnehmen beider Ampullenteile aus der Vorrichtung wurde die Masse des Destillats im längeren Ampullenteil, der Gehalt an Äthylenglykol und Monomerem im Destillat (das Glykol jodometrisch nach Oxydation des Destillats durch überschüssige Perjodsäure) sowie der Polymerisationsgrad des Polyäthylenterephthalats (viskosimetrisch) bestimmt.

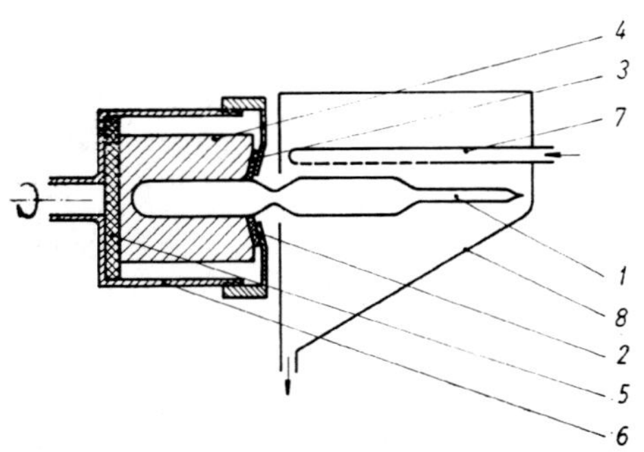

Bild 1. Schema der Einrichtung für die Polykondensation in der rotierenden Ampulle; 1 — gläserne Ampulle, 2 — Schraubenmutter, 3 — Dichtung, 4 — Heizblock, 5 — wärmeisolierende Einlage, 6 — Mantel, 7 — Wasserbrause, 8 — Gehäuse

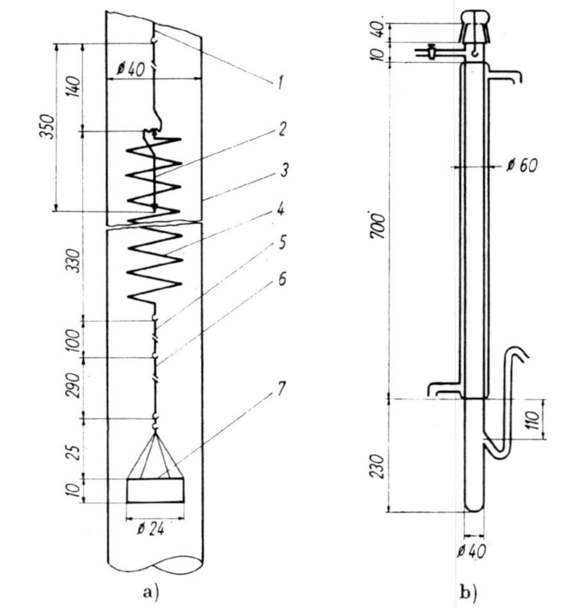

Bild 2. *McBain*sche Waage; a) Aufhängung und Spirale: 1 — fester Glashaken des Mantelverschlusses, 2 — gläserne Aufhängehaltevorrichtung der Spirale (unteres Ende als fester Meßpunkt), 3 — Mantel, 4 — Quarzspirale, 5 — Glasaufhängung, 6 — Platinaufhängung, 7 — Reaktionsschale aus Aluminiumfolie mit Stahlgehängen; b) Mantel

2.2. Polykondensation an der McBainschen Waage

In eine Schale (24 mm Durchmesser, 10 mm Tiefe) aus Aluminiumfolie (0,035 mm) wurde das vorher homogenisierte Ausgangsgemisch des Monomeren mit Antimon(III)-acetat und Triphenylphosphat (Stabilisator) eingewogen. Die Schale wurde mit Hilfe von mehreren Aufhängevorrichtungen (Bild 2a) an eine geeichte Quarzspirale (Fadendurchmesser 300 µm) mit 50 Windungen von 25 mm Durchmesser gehängt. Das ganze System, das an dem eingeschliffenen Wagenhut hing, wurde in den vorher mit Argon gefüllten Mantel der Waage eingebracht, dessen unterer Teil (200 mm) in ein Salzbad von 160 °C ± 0,1 grd tauchte (Bild 2b). Bei einer Einwaage von 0,4 g und einer Masse von Schale und Aufhängevorrichtung von 0,3 g befand sich die Schale dicht über dem abgerundeten Boden des Mantels, wo die innere Temperatur der Badtemperatur entsprach. Die Quarzspirale befand sich in einem thermostatierten Doppelmantelgefäß (30 °C ± 0,5 grd.) Die Masseabnahme des Reaktionsgemisches wurde durch ein Kathetometer verfolgt, mit dem die Entfernung des unteren Endes der Spirale vom oberen Ende des Spiralenhalters gemessen wurde (0,2939 mm/mg, Ablesung mit Auflösungsvermögen von 0,01 mm). Bei Reaktionsführung im Vakuum (Minimum 1 bis 2 Torr) wurde der obere Tubus verschlossen und der untere über ein zwischengeschaltetes Ausfriergefäß (−70 °C) an eine Ölluftpumpe angeschlossen (optimales Temperatur- und Druckprogramm siehe Bild 5).

2.3. Polykondensation auf der rotierenden Folie

Durch Eindampfen der den Katalysator enthaltenden Lösungen des linearen Dimeren in 1,2-Dichloräthan oder des niedermolekularen Polyäthylenterephthalats

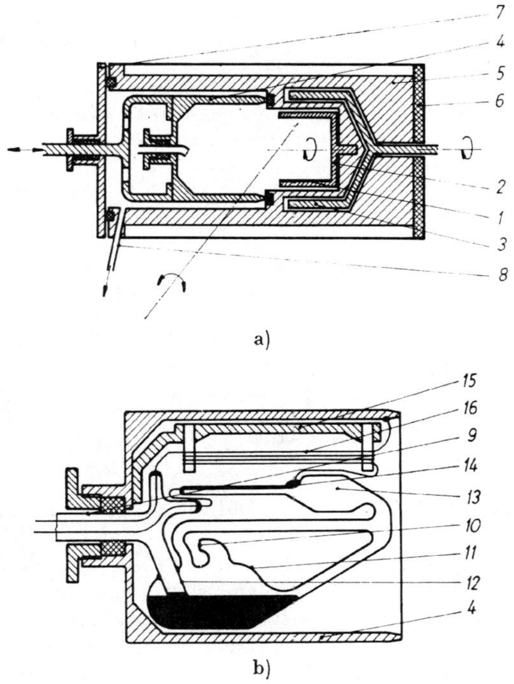

Bild 3. Schema der Einrichtung für die Polykondensation im Film; a) Schwingblock, b) Druckmesser (Beschreibung im Text des experimentellen Teiles)

in Trifluoressigsäure auf einer versilberten Kupferfolie (30 × 30 mm), die durch einen TEFLON-Rahmen abgegrenzt war, erhielten wir Schichten von 0,005 bis 0,02 mm Dicke.

Die Polykondensationsapparatur ist in Bild 3a schematisch dargestellt. Die Folie mit dem aufgebrachten Dimeren bzw. Polymeren (*1*) wurde in die zylinderförmige Trommel (*2*) eingebracht, die mit Hilfe der Magnetkupplung (*3*) unter dem Gehäuse (*4*) im Inneren des Metallblocks (*5*) (mit Wärmeisolierung) in Drehung versetzt wurde. Der Block wurde vorher aufgeheizt. Die Thermostatierung erfolgte mit Hilfe einer Widerstands-Heizwicklung, eines Platinwiderstandstemperaturfühlers und eines Impulsreglers bei Temperaturen von 260, 280 oder 300 °C mit einer Genauigkeit von ±0,5 grd. Die Höhlung im Block wurde mittels eines Flansches (*7*) verschlossen und nach Andrücken des Gehäuses (*4*) an die Dichtung durch die Rohrleitung (*8*) auf $2 \cdot 10^{-3}$ Torr evakuiert. Die Polykondensation wurde eingeleitet, indem die gesamte Einrichtung um die waagerechte Achse im Winkel von 90° in eine Pendelbewegung mit 40 s Schwingungsdauer und die Trommel in Drehung mit ca. 2500 U/min versetzt wurde; durch die Zentrifugalkraft wurde die Folie mit der Probenschicht an die temperierte Oberfläche der Trommel angedrückt und somit in weniger als 1 s auf die vorgewählte Temperatur erhitzt.

Die Polykondensation wurde in den Zeitintervallen der Schwingungsdauer verfolgt; hierzu diente eine Vorrichtung zur Messung des Dampfdruckes mit Hilfe eines modifizierten Kompressionsvakuummeters und eines im Inneren des Gehäuses der Trommel untergebrachten Wärmeleit-Manometers. Während der Schwingung änderte sich die Lage des Vakuummeters von der Horizontalen (Bild 3b) in die Vertikale (Rohr *9* oben) und zurück. Durch die Bewegung der Galliumfüllung kam es nacheinander zur Füllung des Vakuummeters mit den Dämpfen durch den Stutzen (*10*), zur Evakuierung des Inneren des Gehäuses (*4*) (Verbindung über Stutzen (*10*), Behälter (*11*) und die Röhren (*9*) und (*12*)) und zur Kompression im Behälter (*13*) sowie in der Kapillare mit dem eingeschmolzenen Platindraht (*14*). In der vertikalen Lage wurde der Druck im Kompressionsvakuummeter gemessen (Widerstand des teilweise in das Gallium eingetauchten Platindrahtes (*14*)). Im Gehäuse (*4*) war mit Hilfe des Trägers (*15*) das Wärmeleitmanometer (*16*) befestigt (Platindrahtgitter).

Die Meßwerte des Wärmeleitmanometers und des Kompressionsvakuummeters wurden elektrisch abgenommen und aufgezeichnet. Das Wärmeleitmanometer gab den Dampfdruck mit einer Zeitkonstante von etwa 0,5 s an. Der Dampfdruck ist der Quadratwurzel aus der rel. Molekülmasse umgekehrt proportional (nachgewiesen mit Wasserstoff, Stickstoff und 2,2'-Oxydiäthanol; geeicht für Äthylenglykol). Das Zahlenmittel des Polymerisationsgrades wurde auf Basis des mit dem Kompressionsvakuummeter gemessenen Druckes nach der für eine Polykondensationsreaktion zweiter Ordnung gültigen Beziehung unter der Voraussetzung ermittelt, daß durch die Reaktion überwiegend Äthylenglykol frei wird und sein Dampfdruck über der Schmelze vernachlässigbar ist. Zu Beginn der Polykondensation wurden Glykoldampfdrücke von 0,035 und 1,4 Torr gemessen, also ungefähr um zwei Zehnerpotenzen niedrigere Werte als dem Gleichgewichtsdampfdruck des Äthylenglykols über der Schmelze des Polyäthylenterephthalats entspricht [13]. Somit ist die Bedingung eines vernachlässigbaren Dampfdruckes über der Schmelzeoberfläche erfüllt.

2.4. *Polykondensation im Glasreaktor*

In einer Schale (34 mm Durchmesser, 12 mm Tiefe) aus Aluminiumfolie (0,035 mm) wurden der Katalysator, der Stabilisator und die der Polykondensation zu unterwerfende Probe (0,7 g) eingewogen. Das Gemisch wurde zum Schmelzen gebracht, durch gelindes Schwen-

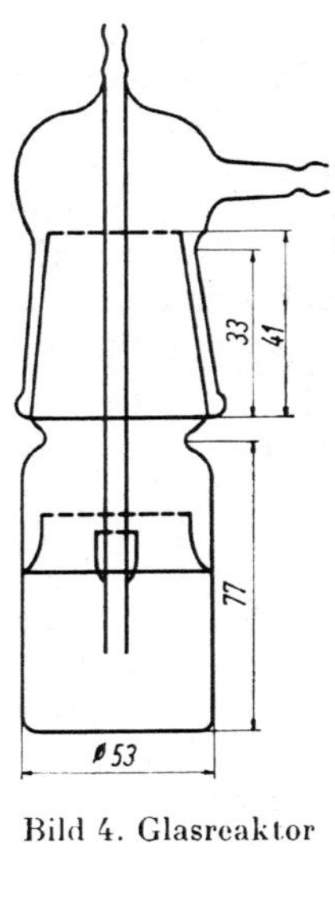

Bild 4. Glasreaktor

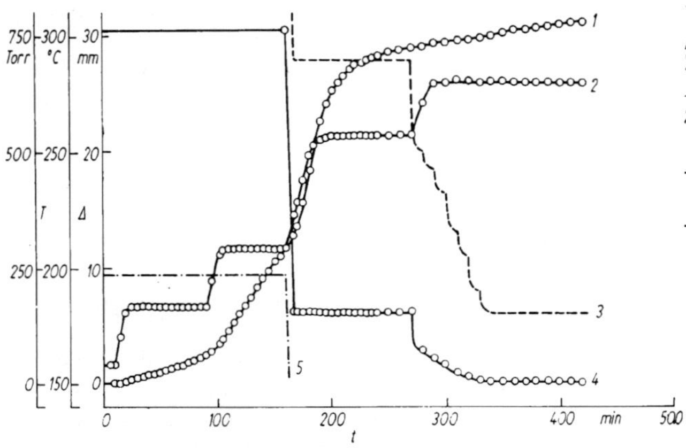

Bild 5. Polykondensation an der *McBain*schen Waage; 1 — Längenveränderung der Spirale (Masseabnahme), 2 — Temperatur der Schmelze, 3 — Siedetemperatur des Monomeren bei gegebenem Druck, 4 — Druck, 5 — Siedetemperatur des Äthylenglykols

ken homogenisiert und im Exsikkator über Phosphorpentoxid wieder erstarrengelassen. Die Schale wurde auf den flachen Boden des Reaktors gestellt (Bild 4). Wand und Mittelrohr des Reaktors waren mit Schutzkragen gegen eventuelles Herunterfließen von kondensierten Flüssigkeitstropfen versehen; den dritten Kragen bildete der Schliffkern, der länger als der Mantel war. In die verengte Stelle unter dem Schliff wurde eine Reflexscheibe aus glänzender Duralfolie (0,1 mm) eingelegt, die mit einer Öffnung für das Mittelrohr versehen war. Der Schliff wurde mit einer Polyäthylenfolie (0,05 mm) in der Wärme abgedichtet. An das Mittelrohr wurde die Argonzuleitung angeschlossen, der Seitentubus am Verschluß des Reaktors diente zur Evakuierung. Vor Beginn der Reaktion wurde der zusammengesetzte Reaktor mit Argon sekuriert. Nach Einsetzen des Reaktors in die Heizvorrichtung (bei streng horizontaler Lage des Bodens, Eintauchtiefe etwa 60 mm), die auf 160 °C ± 0,1 grd gehalten wurde, wurde Argon durch den Reaktor mit einer Geschwindigkeit von ca. 0,5 l/h geleitet; der Seitentubus wurde durch einen Flüssigkeitsverschluß mit Paraffinöl verschlossen (anfängliche Reaktion bei Normaldruck). Im späteren Reaktionsstadium bei vermindertem Druck wurde der Seitentubus über ein zwischengeschaltetes Ausfriergefäß (—70 °C) an die Ölluftpumpe angeschlossen. Unter Einhaltung des optimalen Temperatur- und Druckprogramms (vgl. Bild 5) wurden die Endtemperatur von 285 °C und der Druck von 0,2 bis 0,3 Torr 2 h lang aufrechterhalten (Gesamtreaktionsdauer 8 h).

3. *Ergebnisse und Diskussion*

Bei der Polykondensation in der rotierenden Ampulle handelt es sich prinzipiell um ein offenes System. Die Anordnung gestattete eine sehr gute Reproduzierbarkeit der Reaktionsbedingungen bei verhältnismäßig dünnen Schichtdicken. Auch wenn die Methode für kinetische Messungen nicht vorteilhaft ist, gaben die gewonnenen Daten ohne weitere Interpretation wertvolle Informationen über den Einfluß des Zeitprogramms der

Tabelle 1. Polykondensation in der rotierenden Ampulle bei programmierter Erhöhung der Temperatur in Gegenwart von $Zn(OCOCH_3)_2$; *c = Konzentration des Katalysators in Masse%,* t_{200}, t_{240} *und* t_{280} *= Reaktionsdauer in h bei 200, 240 und 280 °C, p = Druck in der Ampulle nach der Reaktion in Torr, ξ Reaktionslaufzahl in %*

c	t_{200}	t_{240}	t_{280}	p	ξ	$\bar{P}_n$
0,005	0,50	1,00	1,00	4,1	58,6	73,2
0,005	0,50	1,00	2,60	8,4	57,8	112,8
0,005	0,50	1,00	3,00	11,7	57,6	165,9
0,02	0,25	0,25	0,25	1,7	87,6	38,2
0,02	0,25	0,25	0,50	2,8	97,2	59,3
0,02	0,25	0,25	1,00	6,2	86,0	71,4
0,02	0,50	1,00	0,25	2,0	92,0	47,0
0,02	0,50	1,00	0,50	4,1	91,2	68,5
0,02	0,50	1,00	1,00	6,1	90,6	87,8

gewählten Temperaturen auf die Umwandlung des Monomeren in den Polyester und auf den Polymerisationsgrad des Polyesters (Tabelle 1). Weiter konnte nachgewiesen werden, daß Zinkacetat als Katalysator wirksamer ist als Antimon(III)-oxid in gleicher Konzentration, und zwar sowohl vom Gesichtspunkt der Reaktionslaufzahl als auch in bezug auf den Polymerisationsgrad.

Bei der dynamometrischen Methode mit Hilfe der *McBain*schen Waage konnte dank der Vollglasapparatur auch eine etwaige Sublimation sowie die Phasenveränderung der Reaktionsmasse während der Polykondensation visuell verfolgt werden. Die Zusammensetzung des resultierenden Destillats wurde analytisch untersucht. Durch fortlaufende Änderung der Reaktionsbedingungen konnte das optimale Polykondensationsprogramm erarbeitet werden (vgl. Bild 5), bei dem der Verlust an Monomerem durch Verflüchtigung weniger als 3% der ursprünglichen Einwaage von 0,4 g betrug. Die Reaktionsabschnitte, die konstantem Druck und konstanter Temperatur entsprechen, wurden kinetisch ausgewertet. Die graphische Darstellung der Zeitabhängigkeit von $\bar{P}_n$ bzw. $\bar{P}_n^2$ für geringere Umsätze, die bei niedrigeren Temperaturen und höheren Drücken erhalten wurden (Bild 6a), kennzeichnet die Abspaltung des Äthylenglykols als Reaktion dritter Ordnung, bei Umsätzen von 95 bis 98%, die bei 280 °C/1,25 Torr erreicht werden (Bild 6b), als Reaktion zweiter Ordnung. Der Wert der Geschwindigkeitskonstante von $k_2 = 1{,}30 \cdot 10^{-6}$ mol^{-1}g s^{-1}, bei einer Antimon(III)-acetat-Konzentration von 0,092 Masse%, steht im Einklang mit den Daten von *Rafler* u. Mitarb. [8] für die Katalyse mit Mangan(II)-acetat bei 280 °C/0,2 bis 0,4 Torr und einer Dicke der durchmischten Schicht von 3 bis 4 mm, falls man die wahrscheinlich niedrigere Wirksamkeit der Antimon(III)-Salze mit in Betracht zieht (vgl. den vorangehenden Abschnitt). Da nach *Morozov* u. Mitarb. [14] Schmelzen der Schichtdicke von 0,5 mm kinetische Messungen gewährleisten, die nicht durch die Diffusion beeinflußt sind (zu dünneren Schichten werden von ihnen keine Daten angegeben), und dickere Schichten das sog. Diffusionsgebiet darstellen, kann man die statische Schicht von 0,5 mm und die durchmischte von 3 bis 4 mm als gleichwertig betrachten, doch läßt sich bei ihnen ein übereinstimmender Einfluß der Diffusion auf die

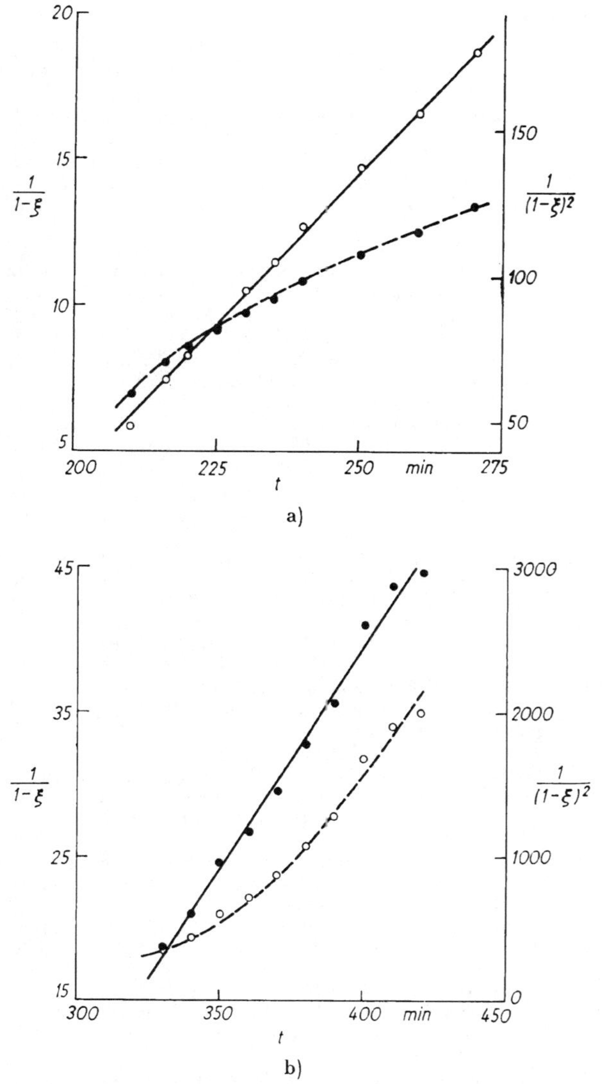

Bild 6. Verlauf der Polykondensation an der *McBain*schen Waage [• $1/(1-\xi)$ vs. Zeit, ∘ $1/(1-\xi)^2$ vs. Zeit] in Gegenwart von 0,09 Masse% Antimon(III)-acetat und 0,10 Masse% Triphenylphosphat;
a) 256,5 °C/150 Torr, b) 279,2 °C/1,25 bis 1,5 Torr

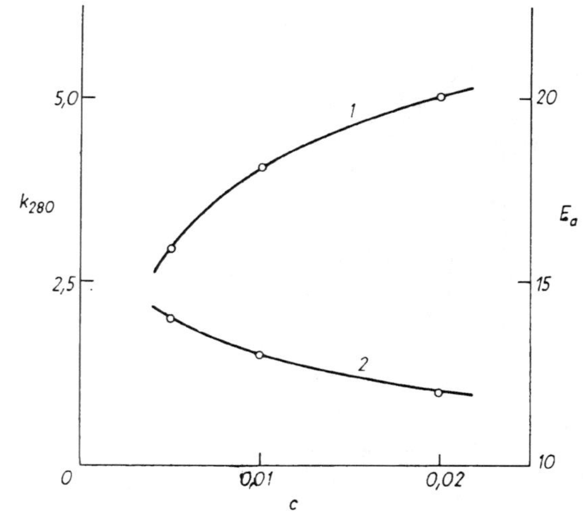

Bild 7. Abhängigkeit der Geschwindigkeitskonstante, k_{280} ($mol^{-1}\,l\,h^{-1}$), und der Aktivierungsenergie, E_a ($kcal\,mol^{-1}$), von der Konzentration des Zinkacetats, c (Masse %); 1: k vs. c, 2: E_a vs. c

kinetischen Messungen nicht ausschließen (vgl. [15]). Dagegen ist bei der Polykondensation an der rotierenden Folie (siehe experimenteller Teil) bei einer Schichtdicke von einigen Hundertstel Millimeter der Einfluß der Diffusion auf die Reaktionsgeschwindigkeit bereits eliminiert, denn für Schichtdicken von 0,005 und 0,02 mm wurden unter sonst gleichen Bedingungen übereinstimmende Geschwindigkeitskonstanten erhalten. Ihre Werte steigen mit wachsendem Polymerisationsgrad des Ausgangspolymeren, mit der Temperatur (Tabelle 2) und mit der Katalysatorkonzentration (Bild 7); die Erklärung für den schwachen Abfall der Aktivierungsenergie mit der Konzentration des Zinkacetats ist im Mechanismus der Katalyse zu suchen.

Als das anspruchvollste Verfahren für die serienmäßige Testung des Monomeren erwies sich die Polykondensation in einer etwa 0,5 mm dicken Schicht. Bei dieser Schichtdicke wurde eine noch genügende Menge Polykondensat zur Beurteilung von Weißgrad sowie zur Bestimmung von Polymerisationsgrad und Endgruppenkonzentration erhalten.

Die Brauchbarkeit des in Bild 4 dargestellten kleinen Glasreaktors, auf dessen ebenen Boden sich eine Aluminiumfolie befindet, wurde anhand der Copolykondensation von Bis-(2-hydroxyäthyl)-terephthalat mit Bis-(2-hydroxyäthyl)-isophthalat im Konzentrationsbereich von 0 bis 17 mol% der Isophthalatkomponente überprüft. Die Copolyester unterschieden sich in der Grundviskosität um $\pm 5\ cm^3g^{-1}$; der Abfall der Schmelztemperatur mit zunehmender Konzentration des Isophthalats kann durch den linearen Koeffizienten

Tabelle 2. Geschwindigkeitskonstanten ($mol^{-1}\ l\ h^{-1}$) der Polykondensation im Film in Gegenwart von 0,01 Masse% des Katalysators; T = Reaktionstemperatur in °C; $\bar{P}_0$ Polymerisationsgrad des ursprünglichen Polyäthylenterephthalats; δ Dicke des Films in mm

T	$Zn(OCOCH_3)_2$				Sb_2O_3			
	$\bar{P}_0 = 2,0$		$\bar{P}_0 = 16,1$		$\bar{P}_0 = 2,0$		$\bar{P}_0 = 16,1$	
	δ = 0,005	0,02	0,005	0,02	δ = 0,005	0,02	0,005	0,02
260	2,45	2,45	3,82	3,82	1,05	1,05	—	1,61
280	4,02	4,08	6,16	6,10	2,25	2,25	3,36	3,42
300	6,66	6,60	10,55	9,98	4,56	4,75	7,08	7,12

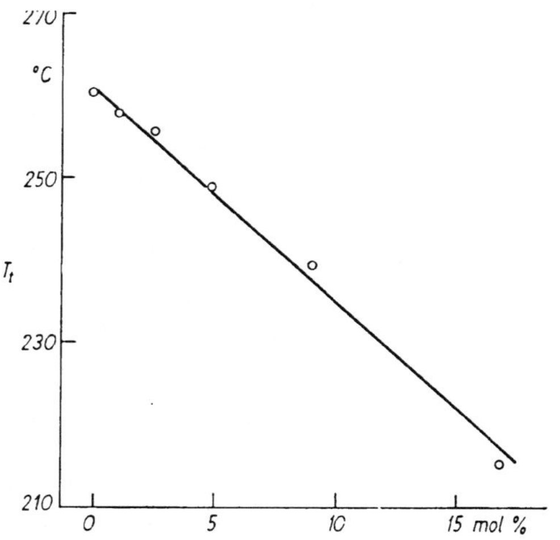

Bild 8. Schmelztemperatur des Polyäthylenterephthalat-co-isophthalats); angeführt sind die Konzentrationen des Bis-(2-hydroxyäthyl)-isophthalats im Ausgangsgemisch für die Polykondensation in Gegenwart von $8 \cdot 10^{-4}$ mol Antimon-(III)-acetat und Triphenylphosphat pro mol Monomeres

2,65 K/mol.% ausgedrückt werden (Bild 8), was mit dem bei der Lösungs-Polykondensation [1] gefundenen Wert von 2,5 K/mol.% in Einklang steht. Weiterhin konnte der günstige Einfluß von tertiären aliphatischen Aminen bei der katalysierten Veresterung der Ammoniumsalze der Terephthalsäure mit Äthylenglykol nachgewiesen werden, wenn diese in Gegenwart von Mangan(II)- oder Kobaltionen bzw. ihrer Gemische durchgeführt wurde. Durch Polykondensation in Gegenwart von Antimon(III)-acetat und Triphenylphosphat wird ein Polyester mit 80 bis 95%igem Weißgrad gewonnen, gegenüber dem 100%igen Weißgrad des aus analysenreinem Bis(2-hydroxyäthyl)-terephthalat dargestellten Polyesters [16]. Ähnlich konnte der positive Einfluß von Terephthalonitril bei der Veresterung der Terephthalsäure oder ihrer Ammoniumsalze mit Äthylenglykol nachgewiesen werden; das Nitril unterdrückt die zur Bildung von Bis(5-hydroxy-3-oxapentyl)-terephthalat führende Veresterungsreaktion, die eine Verschlechterung der physikalischen und chemischen Eigenschaften des Polyesters, wie Erniedrigung der Erweichungstemperatur und Verminderung der Beständigkeit, zur Folge hat [17]. Zum Schluß sei als Beispiel die Copolymerisation der Gemische von Bis(2-hydroxyäthyl)-terephthalat und Bis(2-hydroxyäthyl)-isophthalat angeführt, die durch Glykolyse der entsprechenden Nitrile dargestellt worden waren. Sie führt ohne Isolierung und Reinigung der monomeren Komponente zu einem Copolyester von hervorragendem Weißgrad [18].

Literatur

[1] *Čefelin, P.*, und *Málek, J.*: The kinetics of polycondensation of bis(2-hydroxyethyl) terephthalate. Coll. czechoslov. chem. Commun. **34** (1969) S. 419—426.
[2] *Pochetti, F.*, und *Schippa, G.*: Comportamento del bis-2-idrossietilterftalato alle temperature e pressioni di policondensazione. Ann. chim., Roma **54** (1964) S. 66—72.
[3] *Griehl, W.*, und *Schnock, G.*: Zur Katalyse der Polyesterbildung durch Esteraustausch. Faserforsch. u. Textiltechnik **8** (1957) 10, S. 408—416.
[4] *Koršak, V. V.*, *Bekasova, N. I.*, und *Zamjatina, V. A.*: Über Polyester mit Heteroketten. 10. Mitt. Die Kinetik der Polykondensation von Diäthyloltcrephthalat. Izv. Akad. Nauk SSSR, Otd. chim. Nauk (Nachr. Akad. Wiss. UdSSR, Abt. chem Wiss.) (1958) 4, S. 486—491.
[5] *Koršak, V. V.*, *Zamjatina, V. A.*, und *Bekasova, N. I.*: Über Polyester mit Heteroketten. XXV. Untersuchung der Polykondensation in dünner Schicht. Vysokomol. Soed. (Hochmol. Verbind.) **1** (1959) S. 1586—1592.
[6] *Swarski, T.*: Badanie nad kinetika polikondensacji estru dwumetylowego kwasu tereftalowego z glikolem etylenowym. Zesz. nauk Politech, Łodźkiej. (Wiss. H. Techn. Hochsch.) Chemia (Chemie) **12** (1956) 4, S. 41—65.
[7] *Zimmermann, H.*, *Reinisch, G.*, *Gehrke, K.*, *Leibnitz, E.*, und *Lohman, P.*: Reaktionsmechanismen in Polyäthylenterephthalatschmelzen. Abh. dt. Akad. Wiss. Berlin, Chemie, Geologie u. Biologie (1965) 3, S. 19—27.
[8] *Rafler, G.*, *Reinisch, G.*, und *Zimmermann, H.*: Zur gravimetrisch-kinetischen Analyse der Polyäthylenterephthalatbildung im offenen System. Faserforsch. u. Textiltechnik **20** (1969) 5, S. 225—230.
[9] *Zahn, H.*, und *Krzikalla, R.*: Synthese von einheitlichen linearen Oligoestern vom Poly-glygol-terephthalat-typ. Makromol. Chemie **23** (1957) S. 31—53.
[10] *Nerdel, F.*, und *Kleinwächter, J.*: Über gemischte Anhydride von Carbonsäuren und Sauerstoffsäuren der 5. Gruppe des periodischen Systems. Chem. Ber. **90** (1957) 4, S. 598—600.
[11] *Frind, H.*: Die Bestimmung der Grundviskosität von Polyäthylenterephthalat-Lösungen. Faserforsch. u. Textiltechnik **5** (1954) 7, S. 290—296.
[12] *Koepp, H.-M.*, und *Werner, H.*: Endgruppenbestimmung und molekulare Verteilung bei Polyäthylenterephthalat. Makromol. Chemie **32** (1959) 1, S. 79—89.
[13] *Griehl, W.*, und *Förster, P.-F.*: Die Bestimmung der Massenwirkungskonstanten bei der Polyäthylenterephthalat-Bildung. Faserforsch. u. Textiltechnik **7** (1956) 10, S. 463—468.
[14] *Morozov, N. A.*, *Radčenko, N. G.*, und *Kolčin, A. A.*: Polikondensacija dietiloltereftalata v tonkom sloe. Plast. Massy, Moskva (Plast. Massen) (1967) 4, S. 18—20.
[15] *Hoftyzer, P. J.*, und *van Krevelen, O. W.*: The influence of evaporation of a volatile reaction product on the rate of conversion in polycondensation processes. Preprint I/28, IUPAC International Symposium on Macromolecular Chemistry, Budapest 1969.
[16] *Málek, J.*, *Koutková, J.*, *Čefelin, P.*, und *Bažant, V.*: Způsob přípravy poly(ethylen-tereftalátu). ČS. Patentanmeldung 3887—70. A.: 3. 6. 1970.
[17] *Málek, J.*, *Koutková, J.*, und *Čefelin, P.*: Způsob přípravy glykoesterů kyseliny tereftalové a jejich polykondensátů. ČS. Patentanmeldung 4306—70. A.: 19. 6. 1970.
[18] *Málek, J.*, *Hájek, M.*, und *Čefelin, P.*: Způsob přípravy kopoly(ethylentereftalátu-isoftalátu). ČS. Patentanmeldung 4395—70. A.: 23. 6. 1970.

Eingegangen am 12. April 197

Untersuchungen zur Quellung und Lösung von Cellulose in aminhaltigen Flüssigkeitsgemischen

4. Mitt.: Zum Verhalten von Cellulose in ammoniak- und salzhaltigen Lösungsmittelsystemen[1])

Harry Schleicher, Karl-Joachim Linow und Klaus Schubert

Deutsche Akademie der Wissenschaften zu Berlin, Institut für Polymerenchemie in Teltow-Seehof (vorm. Institut für Faserstoff-Forschung)

DK 661.728:547.458.81:66.062.85:532.73:532.77:532.135

Die Auflösung von Cellulose in Lösungen von Ammoniak und Natriumsalzen in Formamid, Dimethylsulfoxid, Morpholin oder Äthanolamin wird beschrieben. Die Ergebnisse von Viskositätsmessungen am Lösungsmittel Dimethylsulfoxid/Äthanolamin/Ammoniak/Natriumbromid sowie an verdünnten und konzentrierten Celluloselösungen werden mitgeteilt und Rückschlüsse auf den Lösungszustand der Cellulose abgeleitet.

Исследование набухания и растворимости целлюлозы в содержащих амины смесях жидкостей
Сообщ. 4-е: Поведение целлюлозы в системах растворителей, содержащих аммиак и соли

Изучен процесс растворения целлюлозы в растворах аммиака и солей натрия в формамиде, диметилсульфоксиде, морфолине и этаноламине. Приведены результаты измерения вязкости системы диметилсульфоксид/этаноламин/аммиак/бромид натрия и разбавленных и концентрированных растворов целлюлозы в этой системе. На основании полученных данных сделаны выводы о состоянии целлюлозы в растворе.

Investigations on the Swelling and Dissolution of Cellulose in Mixtures of Liquids containing Amines.
4th Comm.: The Behaviour of Cellulose in Solvent Systems containing Ammonia and Salts

The dissolution of cellulose in solutions of ammonia and sodium salts in formamide, dimethylsulfoxide, morpholine or ethanolamine is described. The results obtained by measuring the viscosity of the solvent dimethylsulfoxide/ethanolamine/ammonia/sodium bromide and of diluted and concentrated solutions of cellulose are reported and the state of dissolution of cellulose is discussed.

1. *Einleitung*

In einer anscheinend in Vergessenheit geratenen und daher in den meisten Übersichten über Celluloselösungsmittel nicht zitierten Arbeit von *Scherer* [1] wird die Auflösung von Cellulose in flüssigem Ammoniak unter Zusatz verschiedener Salze beschrieben. *Scherer* hatte festgestellt, daß sowohl Linters als auch Regeneratcellulosen in flüssigem Ammoniak bei Zusatz von Natrium- oder Ammoniumrhodanid löslich sind. Bei Anwesenheit geringer Wassermengen wird die Cellulose auch durch Zusätze von Natriumnitrat oder Natriumjodid gelöst, während ein Ammoniumjodidzusatz nur Regeneratcellulose zu lösen vermag.

Nachdem wir festgestellt hatten, daß neben dem von *Hata* und *Yokota* als Celluloselösungsmittel beschriebenen System Schwefeldioxid/Amin [2] auch Lösungen von Schwefeldioxid und Amin in bestimmten organischen Lösungsmitteln Cellulose zu lösen vermögen [3], überprüften wir, ob es auch möglich ist, durch die Auflösung von Ammoniak und bestimmten Salzen in verschiedenen organischen Lösungsmitteln zu neuen Celluloselösungsmitteln zu gelangen. Nachfolgend soll über die zur Auflösung der Cellulose geeigneten Lösungsmittelsysteme, die Lösebedingungen und die Eigenschaften der Celluloselösungen berichtet werden, während einige Ergebnisse der Viskositätsmessungen verdünnter Celluloselösungen im System Dimethylsulfoxid/Äthanolamin/Ammoniak/Natriumbromid bereits in einer vorhergehenden Mitteilung [4] enthalten sind.

2. *Versuchsmethodik*

Bei der Durchführung der Versuche wurde so verfahren, daß in 50 oder 100 g der durch Vakuumdestillation gereinigten Flüssigkeit die vorgesehene Menge Salz gelöst und danach unter Kühlung mit Eis oder Methanol/Trockeneis so lange Ammoniak eingeleitet wurde, bis sich die vorgesehene Menge gelöst hatte, was durch Wägung kontrolliert wurde. Für die Löseversuche wurde die Cellulose im abgeschlossenen Lösegefäß auf die gewünschte Lösetemperatur temperiert, das Lösungsmittelgemisch zugegeben und 1 bzw. 2 h gerührt, wobei jedoch der größte Teil der Cellulose sich bereits nach etwa 15 min aufgelöst hatte. Als Cellulosematerial wurden für die meisten Versuche ein Fichtensulfitzellstoff mit einem Cuoxam-DP von 655 und einem α-Cellulosegehalt von 92% bzw. aus diesem Zellstoff durch Hydrolyse abgebaute Präparate verwendet. Für die Viskositätsmessungen der Lösungsmittel und der verdünnten Celluloselösungen benutzten wir *Ubbelohde*-Viskosimeter der Kapillarweiten I bis III und für die konzentrierten Celluloselösungen ein Rotationsviskosimeter Rheotest II vom VEB Prüfgerätewerk Medingen.

3. *Versuchsergebnisse und Auswertung*

3.1. *Die zur Auflösung der Cellulose geeigneten ammoniakhaltigen Lösungsmittelsysteme*

Da der Ausgangspunkt unserer Untersuchungen Salzlösungen in flüssigem Ammoniak waren, suchten wir zunächst nach geeigneten Lösungsmitteln, in denen sich sowohl hinreichende Mengen Ammoniak als auch Salze lösen ließen. Da Formamid diese Anforderungen erfüllte und außerdem die Cellulose selbst in erheblichem Maße zu quellen vermag, begannen wir unsere Untersuchungen mit dem System Formamid/Ammoniak/Natriumrhodanid und konnten feststellen, daß dieses System Cellulose zu lösen vermag. Bei weiteren Versuchen fanden wir, daß anstelle von Formamid auch Dimethylsulfoxid, Morpholin oder Monoäthanolamin und anstelle von Natriumrhodanid auch andere Natriumsalze als Lösungsmittelkomponenten in Gegenwart von Ammoniak geeignet sind [5]. Für die verschiedenen Salze bestehen in den aufgeführten Lösungsmitteln erhebliche Unterschiede in der Löslichkeit [6 bis 9], die

[1]) 3. Mitt. s. [4]

auch durch den Ammoniakzusatz beeinflußt wird. Da zur Auflösung der Cellulose eine gewisse Mindestkonzentration an Salz erforderlich ist, scheiden NaCl, Na_2SO_4 und $NaCO_3$ als gängigste Natriumsalze wegen zu geringer Löslichkeit aus. Als brauchbare Salze haben sich NaSCN, $NaClO_4$, $NaNO_3$ und NaBr erwiesen, wobei allerdings nicht alle vier Salze gleichermaßen gut für alle Lösungsmittelzusammensetzungen geeignet sind. Ob NaJ, das in manchen Lösungsmitteln auch gut löslich ist, als Lösungsmittelkomponente geeignet ist, wurde von uns nicht untersucht. Für die Wirksamkeit der Natriumsalze scheint das Anion von untergeordneter Bedeutung zu sein. Da NaBr gegenüber den anderen Salzen verschiedene Vorteile besitzt, wurde es bei unseren Untersuchungen bevorzugt verwendet. Versuche, anstelle von Natriumsalzen Ammonium-, Kalium-, Calcium- oder Bariumsalze einzusetzen, führten nicht zum Ziel.

Durch die Salzzusätze zu den organischen Substanzen wird zwar deren Quellwirkung auf Cellulose noch erhöht, die Salzlösungen ohne Ammoniakzusatz führen jedoch noch nicht zur Auflösung. Mit steigendem Ammoniakgehalt der Lösungen nimmt die Quellung der Cellulose zu, um schließlich zur vollständigen Auflösung zu führen. Die zur Auflösung erforderliche Ammoniakmenge ist von der Zusammensetzung der Lösung sowie von Struktur und DP der Cellulose abhängig. In der Tabelle 1 sind einige Lösungsmittelsysteme, die zur Auflösung der Cellulose geeignet sind, aufgeführt. Lösungsmittelsysteme, die Formamid, Dimethylsulfoxid oder ein Gemisch aus beiden als Hauptkomponente enthalten, erfordern zur Auflösung der Cellulose einen Mindestammoniakgehalt von etwa 25 bis 30% und relativ hohe Salzgehalte. Um drucklos arbeiten zu können, sind zur Gewährleistung derartig hoher Ammoniakkonzentrationen Lösetemperaturen von etwa —5 bis —10 °C erforderlich. Werden nach dem Auflösen der Cellulose die Lösungen langsam auf Zimmertemperatur erwärmt, so entweicht laufend Ammoniak, da mit steigender Temperatur sich der Grenzwert der Sättigungskonzentration des Ammoniaks verringert, und nach dem Unterschreiten einer bestimmten Ammoniakkonzentration fällt die Cellulose aus den Lösungen wieder aus. Formamid- und DMSO-haltige Systeme sind also als Celluloselösungsmittel wenig geeignet. Aus den Morpholin enthaltenden Systemen fällt die Cellulose nicht so leicht wieder aus, jedoch wurden von uns mit Morpholin nur einige orientierende Untersuchungen durchgeführt, die genauere Angaben nicht zulassen.

Bei der Verwendung von Äthanolamin als Hauptlösungskomponente benötigt man zur Auflösung der Cellulose etwa nur $^1/_3$ der Ammoniakmenge wie bei Formamid oder DMSO, und außerdem kann nach dem

Tabelle 1. Zusammensetzung einiger Lösungsmittelsysteme

organische Komponente	Salzkomponente	Ammoniak
100 Teile Äthanolamin	35 Teile $NaNO_3$	20 Teile NH_3
100 Teile Äthanolamin	40 Teile NaSCN	20 Teile NH_3
100 Teile Äthanolamin	35 Teile NaBr	18 Teile NH_3
100 Teile Formamid	40 Teile NaSCN	60 Teile NH_3
100 Teile Dimethylsulfoxid	50 Teile $NaClO_4$	60 Teile NH_3

Löseprozeß zumindest ein Teil des Ammoniaks wieder abgesaugt werden, ohne daß die Cellulose ausfällt. Das deutet darauf hin, daß der Lösemechanismus der Cellulose bei den äthanolaminhaltigen Systemen ein anderer ist als bei den Systemen, die Formamid oder DMSO enthalten. Bei letzteren liegt vermutlich ein ähnlicher Mechanismus wie bei der Auflösung von Cellulose in flüssigem Ammoniak in Gegenwart bestimmter Salze vor, und in stark vereinfachter Darstellung wirken DMSO bzw. Formamid wahrscheinlich in erster Linie lediglich als ,,Verdünnungsmittel".

3.2. Die Lösungsmittelsysteme Äthanolamin/Ammoniak/ Natriumbromid und Dimethylsulfoxid/Äthanolamin/ Ammoniak/Natriumbromid

Da Äthanolamin im Vergleich zu Formamid und Dimethylsulfoxid wesentliche Vorteile als Lösungsmittelkomponente aufwies, konzentrierten wir unsere Untersuchungen zunächst auf das System Äthanolamin/ Ammoniak/Natriumbromid.

Als ein erheblicher Nachteil des äthanolaminhaltigen Systems stellte sich jedoch die außerordentlich hohe Viskosität der Celluloselösungen heraus. Wir suchten daher nach Wegen, die Viskosität der Lösungen zu senken. Ausgehend von der Erkenntnis, daß die Viskosität der Celluloselösungen im System DMSO/ Methylamin (vgl. [10]) wesentlich niedriger liegt als im System Äthanolamin/NH_3/NaBr, untersuchten wir, ob nach der Auflösung der Cellulose im letztgenannten System eine Verdünnung mit DMSO ohne Ausfällung der Cellulose möglich ist und in welchem Maße die Viskosität beeinflußt wird. Da diese Versuche erfolgreich waren, verfuhren wir zunächst bei den weiteren Untersuchungen so, daß die Cellulose mit Äthanolamin/ NH_3/NaBr zu einer hochviskosen Masse angelöst und dann durch Zugabe von DMSO die endgültige Lösung hergestellt wurde.

Bei den weiteren Arbeiten zur Optimierung des Systems Cellulose/DMSO/Äthanolamin/NH_3/NaBr stellte sich jedoch heraus, daß auch DMSO/Äthanolamin/ NH_3/NaBr-Gemische die Cellulose direkt zu lösen vermögen, wobei geringere Salz- und Ammoniakkonzentrationen als bei den vorher beschriebenen Versuchen erforderlich waren. Als optimal betrachten wir ein Lösungsmittel mit folgender Zusammensetzung: 79 Teile DMSO, 21 Teile Äthanolamin, 10 Teile NH_3, 7 Teile NaBr; Lösetemperatur 0 °C.

Versuche, Celluloselösungen ohne Salzzusatz herzustellen, führten nur zu einer teilweisen Auflösung der eingesetzten Cellulosen, wobei der gelöste Anteil bei Zellwolle größer als bei hydrolysiertem Zellstoff war. Lediglich durch eine Vorbehandlung des hydrolysierten Zellstoffs mit Propylamin konnten nach dem Auswaschen des Propylamins mit DMSO in DMSO/ Äthanolamin/NH_3 95% Cellulose in Lösung gebracht werden, während es nach dem Auswaschen des Propylamins durch Äthanolamin nur etwa 10% und bei der unbehandelten Probe etwa 19% waren. Die Löslichkeitsverschlechterung, die eintritt, wenn das Äthanolamin zuerst an die Cellulose gebunden wird, ist vergleichbar mit der beim Lösungsmittel DMSO/Methylamin gefundenen Löslichkeitsverringerung der Cellulose, wenn diese mit Methylamin vorbehandelt wurde.

3.3. *Viskositätsmessungen am Lösungsmittel Dimethylsulfoxid/Äthanolamin/Ammoniak/Natriumbromid und an verdünnten Celluloselösungen*

Zur genaueren Charakterisierung des Systems Dimethylsulfoxid / Äthanolamin / Ammoniak / Natriumbromid wurden über einen weiten Bereich der Zusammensetzung die Lösungsmittelviskositäten und die Viskositätszahlen der verdünnten Celluloselösungen mit Cellulosegehalten zwischen 0,1% und 0,3% bestimmt.

Untersucht wurden zunächst die binären Gemische aus Äthanolamin (ÄA) und DMSO im gesamten Mischungsbereich von 0 bis 100 Masse% DMSO in Schritten von jeweils 10 Masse% bei 20 °C und von 0 bis 80 Masse% bei 0 °C. Mischungen mit höherem DMSO-Gehalt erstarrten bei 0 °C. Danach wurden diesen Mischungen 4, 8, 12 und 16 Masse% NaBr zugesetzt und die Viskositäten dieser ternären Mischungen ermittelt. Hierbei konnte nicht mehr der gesamte Mischungsbereich ÄA/DMSO untersucht werden, da mit steigendem DMSO-Gehalt in den Mischungen die Löslichkeit des NaBr abnahm und das bei höherer Temperatur gelöste Salz bei 20 bzw. 0 °C wieder auskristallisierte. Schließlich wurden diese ternären Lösungen bei 20 °C mit 3 und 6 Masse% NH_3 bzw. bei 0 °C mit 3, 6, 9 und 12 Masse% NH_3 versetzt und die Viskositäten dieser quaternären Mischungen ermittelt.

Im gesamten untersuchten Bereich der Lösungsmittelzusammensetzung ergibt sich eine kontinuierliche Veränderung der Viskosität. Als Beispiel sind in Bild 1 die Viskosität in Abhängigkeit vom Salzgehalt und in Bild 2 in Abhängigkeit vom NH_3-Gehalt für die entsprechenden ternären Systeme dargestellt. Parameter ist in beiden Darstellungen das Masseverhältnis ÄA : DMSO. In allen Fällen zeigen die Kurven einen gleichmäßig gekrümmten Verlauf; d. h., die Bildung definierter Verbindungen in diesen ternären Systemen ist sehr unwahrscheinlich. Das gleiche Verhalten zeigen auch die quaternären Systeme, für die in Bild 1 ein Beispiel eingezeichnet ist. Bei allen ÄA/DMSO-

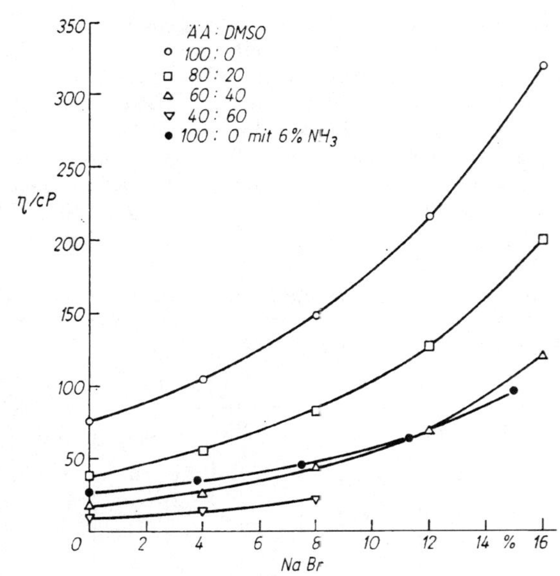

Bild 1. Viskositäten von Äthanolamin/Dimethylsulfoxid-Gemischen in Abhängigkeit vom NaBr-Zusatz bei 0 °C

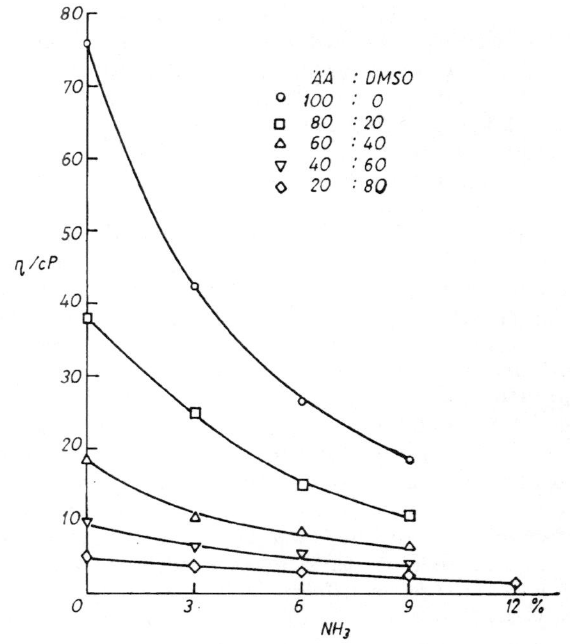

Bild 2. Viskositäten von Äthanolamin/Dimethylsulfoxid-Gemischen in Abhängigkeit vom NH_3-Gehalt bei 0 °C

Verhältnissen ergeben die Salzzusätze beträchtliche Viskositätssteigerungen und die NH_3-Zusätze erhebliche Viskositätsverminderungen. Die relative Größe dieser Veränderungen bei 10%igem Zusatz an Salz oder NH_3, bezogen auf das salz- und NH_3-freie Gemisch, variiert mit zunehmendem DMSO-Gehalt (Tabelle 2). Mit abnehmender Löslichkeit des NaBr bzw. des NH_3 in den Gemischen unterschiedlicher ÄA/DMSO-Zusammensetzung steigt offensichtlich der Einfluß der gelösten Komponente auf die Viskosität.

Trotz der Variation der ÄA : DMSO-Verhältnisse von 20 : 80 bis 60 : 40 und Salzgehalten von 7 und 11% bzw. NH_3-Gehalten von 9 und 12% sind in den verdünnten Celluloselösungen die ermittelten Viskositätszahlen innerhalb der üblichen Fehlergrenzen konstant (Messungen bei 0 °C). Das gleiche Verhalten zeigen die Viskositätszahlen nach dem Absaugen des Ammoniaks (Messungen bei 20 °C). Ein optimales Lösungsmittel für die bereits gelöste Cellulose ist damit im untersuchten Mischungsbereich nicht aufzufinden. Ob es aber ein optimales Gemisch für den Auflösungsprozeß gibt, kann auf diesem Wege nicht ermittelt werden. Beim Absaugen des NH_3 und Übergang auf 20 °C als Meßtemperatur wird die Viskosität nur um etwa 20% vermindert bei gleichzeitigem Anstieg der *Schulz/Blaschke-*

Tabelle 2. Relative Viskosität der Lösungsmittel mit 10% Salz bzw. 10% NH_3 in Abhängigkeit vom ÄA/DMSO-Verhältnis

ÄA/DMSO	$\eta_{rel.}$ 10% Salz	$\eta_{rel.}$ 10% NH_3
100:0	2,3	0,24
80:20	2,7	0,27
60:40	3,1	0,36
40:60	3,1	0,42
20:80	—	0,42

Konstanten von 0,33 auf etwa 0,37, woraus auf eine etwas schlechtere thermodynamische Lösungsmittelgüte geschlossen werden kann. Der NH_3-Gehalt des Lösungsmittels nach dem Absaugen ergibt sich aus der Änderung der Lösungsmittelviskosität zu etwa 0,5%. Offensichtlich ist ein bestimmter Mindestgehalt an NH_3 für den eigentlichen Prozeß der Auflösung erforderlich, um die ursprüngliche Cellulosestruktur zu zerstören (Aufhebung der Wasserstoffbrückenbindungen, Eindringen des Lösungsmittels in die Kristallite). Für die Beständigkeit der erhaltenen verdünnten Celluloselösungen scheint der NH_3-Gehalt dagegen keine Bedeutung zu haben. Lösungen von Cellulose zeigten nach dem Absaugen des NH_3 ebenso wie die Lösungen mit NH_3 innerhalb von 5 Tagen keine Veränderungen ihrer Viskosität. Damit ist gleichzeitig nachgewiesen, daß die Cellulose in diesen Lösungen keinem Kettenabbau unterliegt. Ob während des Auflösevorgangs ein Kettenabbau eintritt, kann bisher nicht mit Sicherheit ausgeschlossen werden. Alle bisher durchgeführten Versuche zur Ausfällung der Cellulose aus dem quaternären Lösungsmittel mit nachfolgender Bestimmung der Viskositätszahl in Cuoxam ergaben stets gegenüber dem Ausgangsmaterial eine Verminderung der Viskositätszahl. Da die Cellulose im gelösten Zustand im quaternären Lösungsmittel stabil ist und keinem Kettenabbau unterliegt, bleiben zur Erklärung nur noch die Prozesse der Auflösung und der Ausfällung mit der dazugehörigen Nachbehandlung (z. B. Auswaschen, Lösungsmittelaustausch). In beiden Fällen wäre ein Kettenabbau grundsätzlich denkbar durch Lufteinwirkung während des Übergangs vom Festkörper über den hochgequollenen Zustand in die Lösung bzw. umgekehrt (ähnliches ist z. B. für die Auflösung von Cellulose II in NaOH bekannt). Hinzu kommt die Möglichkeit irreversibler Verhornungen der Cellulose während des Waschens, des Lösungsmittelaustausches und der damit verbundenen sehr starken Entquellung bzw. durch die Einwirkung von geringen Wassermengen während dieser Prozesse. Schnelles Rühren während der Waschprozesse (starke Einwirkung der Luftfeuchte) ergab für die Umfällung des Zellstoffs MODOSILK eine scheinbare Viskositätszahl von 99 gegenüber einem Ausgangswert für den nativen Zellstoff von ~ 340. Langsames Rühren ergab dagegen Werte von 235, 235 und 262. Die Ausfällung der Cellulose als Film ergab einen Wert von 181. Je nach der Art der Ausfällung und Aufarbeitung wurden also Viskositätszahlen zwischen 99 und 262 erhalten, ohne jedoch jemals den Ausgangswert von 340 zu erreichen.

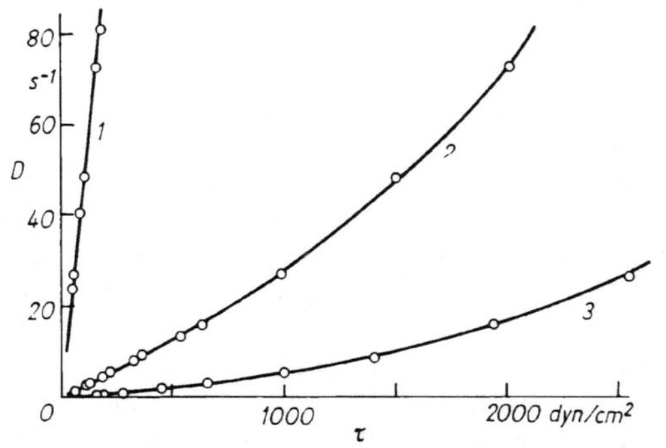

Bild 3. Fließkurven verschiedener Celluloselösungen
Kurve 1: 2% Cellulose, DP 190
Kurve 2: 3% Cellulose, DP 320
Kurve 3: 2% Cellulose, DP 665

3.4. *Viskositätsmessungen an konzentrierten Celluloselösungen*

Aus einer Reihe von Cellulosepräparaten mit DP-Werten zwischen 190 und 655 wurden Celluloselösungen mit Cellulosekonzentrationen zwischen 1 und 5% hergestellt, wobei als Lösungsmittel ein Gemisch aus 79 Teilen DMSO, 21 Teilen ÄA, 10 Teilen NH_3 und 7 Teilen NaBr verwendet wurde. Nach dem Löseprozeß (1,5 h bei 0 °C) wurde durch 1 h Evakuieren bei 12 Torr aus den Lösungen das Ammoniak abgesaugt und danach von den Lösungen mit einem Rotationsviskosimeter die Fließkurven aufgenommen. Die Auswertung der Meßergebnisse im Hinblick auf Strukturviskosität der einzelnen Lösungen ergab eine eindeutige Abhängigkeit der Strukturviskosität vom DP der Cellulose und der Cellulosekonzentration, wie in Bild 3 an einigen Beispielen gezeigt wird.

Celluloselösungen mit niedrigem DP und geringer Konzentration zeigten keine Strukturviskosität. Mit steigendem DP und steigender Konzentration beginnen die Lösungen bei einem immer kleiner werdenden Schergefälle strukturviskos zu werden.

In Tabelle 3 sind die Werte des Schergefälles, ab dem Strukturviskosität auftrat, in Abhängigkeit vom DP und der Konzentration dargestellt.

Zur Prüfung der Zeitabhängigkeit der Viskosität wurde nach verschiedenenen Standzeiten die Viskosität einer 2%igen Lösung (mit einem Cellulose-DP 190) bis zur Koagulation gemessen, und die Werte wurden in Tabelle 4 dargestellt. Man erkennt, daß mit der Zeit das strukturviskose Verhalten der Lösung zunimmt. Besonders bemerkenswert bei diesen Lösungen war die

Tabelle 3. Beginn der Strukturviskosität in Abhängigkeit vom DP und der Konzentration der Cellulose

DP	1% Cell.		2% Cell.		3% Cell.		4% Cell.		5% Cell.	
	η_A	D	η_A	D	η_A	D	η_A	D	η_A	D
190	0,55	nicht strukturviskos	2,25	437,0	7,21	218,7	23,6	16,2	50,2	3,0
260	0,89	nicht strukturviskos	4,48	81,0	22,1	8,1	59,2	4,5	640,0	0,5
320	1,48	243,0	11,1	40,5	46,2	5,4	133,5	1,5	—	—
500	7,72	16,2	157,0	1,5	850,0	0,3	—	—	—	—
665	18,8	4,5	345,5	0,5	—	—	—	—	—	—

η_A = Anfangsviskosität in P
D = Schergefälle s^{-1}

Tabelle 4. Änderung der Viskosität und des Beginns der Strukturviskosität mit der Zeit (Cellulosegehalt der Lösung 2%, Cellulose DP 190)

Standzeit	η_A	Strukturviskosität ab D s^{-1}
0 Tage	2,31	437,4
1 Tag	2,45	243,0
2 Tage	2,78	48,6
3 Tage	3,52	16,2
4 Tage	4,86	13,5
5 Tage	9,8	3,0

η_A = Anfangsviskosität in P
D = Schergefälle

Tatsache, daß durch eine stärkere mechanische Beanspruchung, z. B. durch ein intensives Rühren, die durch die Standzeit verursachte Viskositätserhöhung wieder rückgängig gemacht werden konnte, wobei dann allerdings beim anschließenden Stehenlassen die Viskosität relativ rasch wieder anstieg. Im Gegensatz zu den Lösungen, bei denen nach dem Löseprozeß das Ammoniak abgesaugt wurde, sind die ammoniakhaltigen Lösungen über einen längeren Zeitraum stabil und neigen nicht zum Gelieren.

4. *Zusammenfassende Diskussion*

Ausgehend von der Auflösung von Cellulose in flüssigem Ammoniak in Gegenwart bestimmter Salze fanden wir, daß Lösungen von Ammoniak und Natriumsalzen in Formamid, Dimethylsulfoxid, Morpholin, Monoäthanolamin oder Gemischen dieser Substanzen ebenfalls Cellulose zu lösen vermögen. Während bei den Lösungsmittelsystemen auf Basis Formamid oder Dimethylsulfoxid zur Auflösung der Cellulose Konzentrationen an Ammoniak und Salz in der Größenordnung von etwa 20 bis 30% nötig sind und nach dem Verringern der Ammoniakkonzentration unter ein bestimmtes Niveau die Cellulose wieder ausfällt, sind bei den äthanolaminhaltigen Systemen geringere Salz- und Ammoniakkonzentrationen erforderlich, und nach dem Löseprozeß kann das Ammoniak abgesaugt werden, ohne daß die Cellulose sofort wieder ausfällt. Das deutet darauf hin, daß unterschiedliche Lösungszustände und Lösemechanismen vorliegen. Während im ersten Fall wahrscheinlich der Lösemechanismus und Lösungszustand ähnlich sind wie bei der Auflösung der Cellulose in flüssigem Ammoniak und daher Formamid und DMSO in erster Linie als Verdünnungsmittel wirken, trifft dies für äthanolaminhaltige Systeme nicht zu. Äthanolamin verursacht zwar von allen organischen Lösungsmitteln die stärkste interkristalline Quellung der Cellulose (vgl. [11]), es ist jedoch nicht in der Lage, ohne Vorbehandlung der Cellulose in die kristallinen Bereiche einzudringen. Wie aus Untersuchungen von *Davis*, *Barry*, *Peterson* und *King* [12] hervorgeht, wird jedoch das durch eine Ammoniakbehandlung aufgeweitete Gitter der Cellulose durch eine anschließende Äthanolaminbehandlung noch weiter aufgeweitet, wobei etwa die gleichen Werte wie bei der Behandlung von Cellulose mit Äthylendiamin erreicht werden. Es ist anzunehmen, daß bei den äthanolaminhaltigen Lösungsmitteln, nachdem das Ammoniak in die kristallinen Bereiche der Cellulose eingedrungen ist, auch das Äthanolamin über die NH_2-Gruppe an die OH-Gruppen der Cellulose gebunden wird. Beim Ausfällen der Cellulose aus äthanolaminhaltigen Lösungen fällt diese in einem sehr hoch gequollenen Zustand an, und das Äthanolamin kann nur sehr langsam durch Auswaschen entfernt werden, was auf eine relativ feste Bindung des Äthanolamins hindeutet.

Für die Rolle der Salze und besonders für die spezifische Wirkung der Natriumsalze gibt es noch keine ausreichende Erklärung. Wir nehmen an, daß beim System Dimethylsulfoxid/Äthanolamin/Ammoniak/Natriumbromid das Salz in Verbindung mit Ammoniak entscheidend zur Gitteraufweitung bzw. Schwächung der Wasserstoffbrücken zwischen den OH-Gruppen der Cellulose beiträgt, während es für die Beständigkeit der Lösung keine oder lediglich eine untergeordnete Bedeutung hat. Für diese Hypothese spricht die Beobachtung, daß ohne Salzzusatz unaktivierte Cellulose nur zu geringen Teilen und mit Propylamin voraktivierte Cellulose auch nicht vollständig aufgelöst werden konnte.

Die Viskositätsmessungen im System Dimethylsulfoxid/Äthanolamin/Ammoniak/Natriumbromid/Cellulose zeigen, daß die Viskosität sowohl des Lösungsmittels als auch der Celluloselösungen mit steigendem Salzgehalt ansteigt, mit steigendem Ammoniakgehalt abfällt und mit Erhöhung des Äthanolamin/Dimethylsulfoxid-Verhältnisses ebenfalls ansteigt. Aus den Viskositätsmessungen der verdünnten Celluloselösungen ergibt sich, daß der Lösungszustand nach dem Absaugen des Ammoniaks etwas schlechter als bei den ammoniakhaltigen Lösungen ist. Das kommt bei den Viskositätsmessungen der konzentrierten Celluloselösungen noch stärker zum Ausdruck, indem hier bei den Lösungen nach Absaugen des Ammoniaks mit der Zeit die Viskosität sich erhöht, der Beginn der Strukturviskosität nach kleineren Schergefällen verschoben wird und die Lösungen schließlich gelieren.

Unseren Mitarbeiterinnen Frau *E. Linow* und Frl. *G. Räder* danken wir für ihre sorgfältige experimentelle Mitarbeit.

Literatur

[1] *Scherer, P. C.:* Solubility of cellulose in ammonia salt solutions. J. amer. chem. Soc. **53** (1931) S. 4009—4013.

[2] *Hata, K.*, und *Yokota, K.:* Chemical behavior of high polymers in liquid sulfur dioxide. Part I. Dissolution of natural cellulose. Sen-i-Gakkaishi (J. Soc. Fiber Sci. Technol. Japan) **22** (1966) S. 96—102.

[3] *Philipp, B.*, *Schleicher, H.*, und *Laskowski, I.:* Untersuchungen zur Quellung und Lösung von Cellulose in aminhaltigen Flüssigkeitsgemischen. 1. Mitt: Literaturübersicht und Untersuchungen zum Verhalten von Cellulose in Gemischen von SO_2 und Diäthylamin mit einer organischen Flüssigkeit. Faserforsch. u. Textiltechnik **23** (1972) S. 60—65.

[4] *Linow, K.-J.*, *Koura, A.*, *Philipp, B.*, und *Schleicher, H.:* Untersuchungen zur Quellung und Lösung von Cellulose in aminhaltigen Flüssigkeitsgemischen. 3. Mitt.: Beziehungen zwischen Viskosität und rel. Molekülmasse und Molekülabmessungen von Cellulose in aminhaltigen Flüssigkeitsgemischen im Vergleich zu wäßrigen Lösungsmitteln. Faserforsch. und Textiltechnik **23** (1972) 7, S. 286—291.

[5] *Schleicher, H.:* Verfahren zur Herstellung von Celluloselösungen. DWP 87 167.

[6] *Jander, G.*: Die Chemie in wasserähnlichen Lösungsmitteln. Berlin/Göttingen/Heidelberg Springer 1949, S. 48.
[7] *Isbin, H. S.*, und *Kobe, K. A.*: The solubility of some salts in ethylenediamine, monoethanolamine and ethylene glycol. J. amer. chem. Soc. **67** (1945) S. 464–465.
[8] *Berardelli, M. L.*, *Postoia, G.*, und *Polcaro, A. M.*: Studies in non-aqueous solvents. Note III: Conductances and solubilities of several halides in formamide and N-methylformamide at 25 °C. Ricerca Sci. **38** (1968) S. 814–819.
[9] *Ranky, W. O.*, und *Nelson, D. C.*: Dimethyl sulfoxide. Organic Sulfur Comp. **1** (1961) S. 170–182.
[10] *Koura, A.*, *Schleicher, H.*, und *Philipp, B.*: Untersuchungen zur Quellung und Lösung von Cellulose in aminhaltigen Flüssigkeitsgemischen. 2. Mitt.: Untersuchungen zur Löslichkeit von Cellulose in Dimethylsulfoxid/Amin-Gemischen. Faserforsch. u. Textiltechnik **23** (1972) S. 128–133.
[11] *Philipp, B.*, *Schleicher, H.*, und *Wagenknecht, W.*: Investigation on the interaction of cellulose with organic liquids in dependence on the cellulose structure. Vortrag zum IUPAC-Symposium in Helsinki 1972.
[12] *Davis, W. E.*, *Barry, A. J.*, *Peterson, F. C.*, und *King, A. J.*: X-ray studies of reactions of cellulose in non-aqueous systems. II. Interaction of cellulose and primary amines. J. amer. chem. Soc. **65** (1943) S. 1294–1299.

Eingegangen am 6. April 1972

Beeinflussung der elektrostatischen Aufladung und der Reibung von Polyamidseide durch Fettsäurepolyglykolester[1]

Günther von Hornuff
Technische Universität Dresden, Sektion Chemie und
Martin Heise
VEB Chemiefaserkombinat Schwarza „Wilhelm Pieck“

DK 677.494.675′126–486.2:537.221:677.862.517.1.547.29′26:541.183

Ausgehend von Untersuchungen über die grenzflächenaktiven Eigenschaften und die Struktur von Fettsäurepolyglykolestern wird der Einfluß dieser Substanzen auf die Oberflächeneigenschaften von Polyamidseide ermittelt. Die Wirkung der Fettsäurepolyglykolester als Präparationskomponenten wird durch Widerstands-, Aufladungs- und Reibungsmessungen an präparierter Polyamidseide untersucht.

Влияние полигликолевых эфиров жирных кислот на электростатическое заряжение и трение полиамидного филаментного волокна

На основании исследований поверхностно-активных свойств и структуры полигликолевых эфиров жирных кислот было изучено влияние этих эфиров на свойства поверхности полиамидного волокна. Для выявления эффективности применения полигликолевых эфиров в качестве компонентов замасливателей проводились измерения изменения электризуемости и трения полиамидного филаментного волокна, обработанного соответствующими препаратами.

Effects of Fatty Acid Polyglycolesters on the Accumulation of Static Charges by Friction of Polyamide Filaments

Based on studies of the surface active properties and the chemical structure of polyglycolesters the effect of these esters on the surface properties of polyamide filaments has been investigated. The effect of fatty acid polyglycolesters in sizing agents is determined by measuring the resistance, accumulation of static charges and friction of sized polyamide filaments.

1. Einleitung

Neben dem grenzflächenaktiven Verhalten von Präparationsmitteln, das für das Emulgieren und Aufbringen auf die Faserstoffoberfläche von Bedeutung ist, spielt die Beeinflussung der elektrostatischen Aufladung und der Haft-Gleit-Eigenschaften der Faserstoffe durch Präparationen eine wesentliche Rolle.

Die Vielseitigkeit der Erscheinungsform elektrostatischer Aufladungen bei der Herstellung und Verarbeitung von Faserstoffen war Anlaß für die Durchführung einer Reihe von Forschungsarbeiten, deren Ergebnisse über Ursachen, Entstehung, Auswirkung und Verminderung der Aufladungen sich in zahlreichen Veröffentlichungen [1 bis 8] niedergeschlagen haben.

Für die Verarbeitung von Chemiefaserstoffen von der Spinndüse bis zum fertigen Textilgebilde kommt der Wirkung der Präparation auf die Haft-Gleit-Eigenschaften eine besondere Bedeutung zu. In der Regel wird eine geringe Reibung zwischen den Faserstoffen und den zur Fadenführung an Herstellungs- und Verarbeitungsmaschinen verwendeten Fadenleitorganen gefordert. Für verschiedene Einsatzgebiete wird eine unterschiedliche Haftung von Fasern aneinander zur Gewährleistung gleichmäßiger und optimaler Verzugsprozesse angestrebt. Durch ausreichende Haftung zwischen den Filamenten von Fäden mit geringer Drehung wird bei der Verarbeitung ein Abspreizen und damit die Gefahr einer mechanischen Beschädigung einzelner Filamente vermindert. Andererseits kann in speziellen Fällen eine zu große Haftung zum Aneinanderkleben von Fäden und zu Fadenbrüchen führen.

Über die Probleme der Reibung von Faserstoffen, deren Messung und Beeinflussung durch Präparationen wurden von verschiedenen Autoren umfassende Arbeiten veröffentlicht [9 bis 13].

Für das Präparieren von Chemiefaserstoffen verschiedener Art werden nichtionogene Präparationskomponenten verwendet. In der vorliegenden Arbeit wurde der Einfluß von Fettsäurepolyglykolestern unterschiedlichen Äthoxylierungsgrades (ÄO-Grades) auf die elektrostatische Aufladung und das Haft/Gleit-Verhalten von Polyamidseide untersucht. Als Präparationsmittel wurden im Labormaßstab hergestellte, stufenweise äthoxylierte technische Fettsäuren eingesetzt, die sich hinsichtlich der Länge und der Einheitlichkeit der Kohlenwasserstoffkette unterscheiden.

[1]) Auszug aus der Dissertation *M. Heise*, Technische Universität Dresden 1970, Fakultät für Naturwissenschaften und Mathematik, Sektion Chemie

Für die Ermittlung des Einflusses der o.g. Präparationskomponenten auf die elektrostatische Aufladung und das Haft/Gleit-Verhalten wurde Polyamidseide 5 tex mit 9 Filamenten ausgewählt, da gerade bei diesem Faserstoff die Verminderung elektrostatischer Aufladungen in der Praxis die größten Schwierigkeiten bereitet.

Die Untersuchungen zur Ermittlung der Wirkung der Fettsäurepolyglykolester auf die Oberflächeneigenschaften von Polyamidseide wurde in engem Zusammenhang mit solchen über die grenzflächenaktiven Eigenschaften und die Struktur dieser Substanzen durchgeführt. Diese haben ergeben, daß sich die Wasseraufnahme, die Oberflächenspannung und die Randwinkel zwischen Polyamidborsten und wäßrigen Lösungen der Fettsäurepolyglykolester bei ÄO-Graden von 18 bis 20 mol besonders stark ändern [14]. Nach Ergebnissen von Röntgenstrukturuntersuchungen, DTA-Messungen und JR-spektroskopischen Untersuchungen ist anzunehmen, daß die Eigenschaftsänderungen in diesem ÄO-Grad-Bereich auf eine Strukturänderung der Fettsäurepolyglykolester zurückzuführen sind [15]. Danach werden bei ÄO-Graden über 18 mol weitere Äthylenoxidmoleküle nicht mehr in der Zickzackstruktur, sondern in der Mäanderform an die Fettsäurepolyglykolester angelagert.

2. *Untersuchungen an präparierter Polyamidseide und Auswertung der Meßergebnisse*

Die wohl schwierigste Aufgabe beim Testen von Präparationen besteht in einer sicheren meßtechnischen Erfassung der auf der Faserstoffoberfläche erzielten Präparationseffekte. Die hierzu erforderliche Prüftechnik ist noch ungenügend entwickelt und führt durch subjektive Beurteilung häufig zu widersprüchlichen Ergebnissen [16]. Daraus ergibt sich die Notwendigkeit, bei der Prüfung von Präparationen in der Praxis neben Laboruntersuchungen in der Regel Verarbeitungsprüfungen mit größeren Faserstoffmengen durchzuführen.

In den letzten Jahrzehnten wurde zwar eine Reihe von Prüfmethoden zur meßtechnischen Erfassung der Präparationseffekte ausgearbeitet, doch ist die Reproduzierbarkeit der Meßergebnisse vielfach noch nicht zufriedenstellend. Die Meßwerte sind häufig mit großen Streuungen behaftet, die die Auswertung erheblich erschweren.

Die Meßwertstreuungen sind besonders darauf zurückzuführen, daß die Oberflächeneigenschaften der präparierten Faserstoffe nicht ausschließlich von der Art und der Qualität der aufgebrachten Präparation abhängen. Sie werden auch von der Menge und der Verteilung der Präparation auf der Faserstoffoberfläche und deren Gleichmäßigkeit selbst beeinflußt und können sich entlang des Fadens in vielfältiger Weise ändern. Eine weitgehende Absicherung der Meßwerte kann aus den genannten Gründen nur durch eine möglichst große Zahl von Messungen erreicht werden.

Zur Auswertung der Ergebnisse der Widerstands-, Aufladungs- und Reibungsmessungen wurden diese zunächst als Funktion der Präparationsauflage aufgetragen. Aus den sich daraus ergebenden Kurven wurden die entsprechenden Werte für gleiche Präparationsauflagen graphisch ermittelt. Die bei verschiedenen Auflagen ermittelten Werte stellen bei der Aufladungs- und Reibungsmessung bereits Mittelwerte aus jeweils drei Einzelmessungen an drei verschiedenen Fadenabschnitten einer Probe dar.

2.1. *Messung des spezifischen elektrischen Widerstandes*

Der spezifische elektrische Widerstand eines Leiters ist auf den Querschnitt von 1 cm² und eine Länge dieses Leiters von 1 cm bezogen.

Da die Faserstoffe als Meßprobe keine kompakten Körper darstellen, sind die gemessenen Widerstände weitgehend von der verwendeten Meßanordnung abhängig. Bei der Umrechnung der gemessenen in die spezifischen elektrischen Widerstände sind deshalb die Abmessungen des Elektrodengefäßes und dessen Füllung zu berücksichtigen. Die Umrechnung erfolgt nach [17]:

$$\varrho = R \cdot \frac{F}{d} \cdot f;$$

ϱ = spez. elektrischer Widerstand,
R = gemessener Widerstand,
F = Elektrodenfläche,
f = Füllfaktor,
d = Elektrodenabstand.

Für die vorliegenden Untersuchungen wurden Widerstandsvergleiche mit einem Teraohmmeter angestellt. Die angegebenen Meßwerte stellen Mittelwerte aus jeweils drei Messungen dar, die nach 48 h Klimatisierung im Normklima bei 20 °C und 65% rel. Luftfeuchte durchgeführt wurden.

2.1.1. *Einfluß der Laurin- und Hartfettsäurepolyglykolester auf den spezifischen elektrischen Widerstand von Polyamidseide*

Die Untersuchungen zur Ermittlung des Einflusses der äthoxylierten Laurinsäure auf den spez. elektrischen Widerstand von Polyamidseide wurden in zwei, von der Präparierung bis zur Auswertung der Meßergebnisse getrennten Versuchsreihen durchgeführt. Die Ergebnisse beider Meßreihen stimmen weitgehend überein, wenn man von der üblichen Streuung der Werte absieht.

In Bild 1 sind die spez. elektrischen Widerstände für drei verschiedene Auflagen in Abhängigkeit vom ÄO-Grad der Laurinsäurepolyglykolester dargestellt. Zwischen der reinen Laurinsäure und einem ÄO-Grad von 18 mol entspricht der Verlauf des spez. elektrischen Widerstandes dem der Wasseraufnahme bei hohen rel. Luftfeuchten [14]. Der Widerstand wird demnach im Bereich niedriger Äthoxylierung wesentlich von dem durch die Präparation auf der Faserstoffoberfläche gebundenen Wasser beeinflußt. Der steile Abfall der Wasseraufnahme, der zwischen 18 und 20 mol ÄO beginnt, läßt bei weiterer Zunahme der Äthoxylierung einen erneuten Anstieg der Widerstände oberhalb

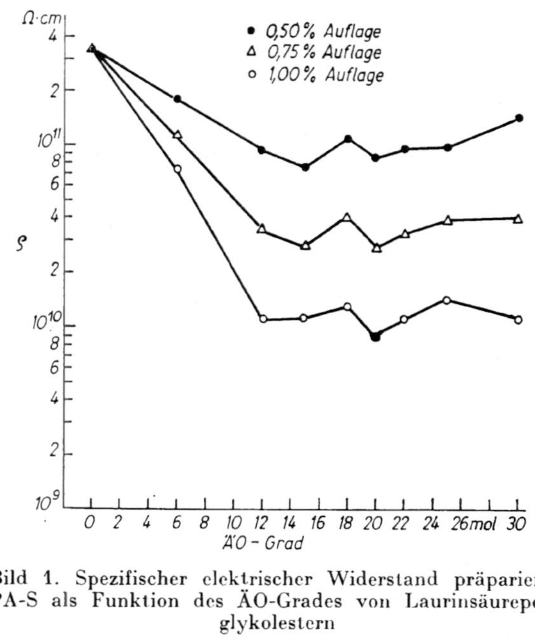

Bild 1. Spezifischer elektrischer Widerstand präparierter PA-S als Funktion des ÄO-Grades von Laurinsäurepolyglykolestern

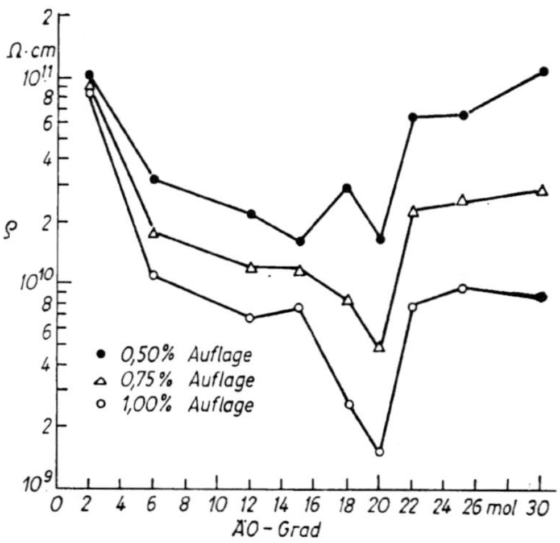

Bild 2. Spezifischer elektrischer Widerstand präparierter PA-S als Funktion des ÄO-Grades von Hartfettsäurepolyglykolestern

18 mol ÄO erwarten. Aus Bild 1 geht jedoch hervor, daß bei höheren ÄO-Graden keine wesentliche Veränderung eintritt.

Die durch die Präparation auf der Faserstoffoberfläche gebundene Feuchte kann daher nicht der einzige Faktor sein, der für die Größe des spez. elektrischen Widerstandes maßgebend ist. Nach den erhaltenen Ergebnissen ist der Einfluß der Feuchte auf den spez. elektrischen Widerstand nur bis zur Bildung der Mäanderstruktur der Laurinsäurepolyglykolester [15] bestimmend, während bei ÄO-Graden über 18 mol andere Einflußfaktoren vorherrschen.

Nach dem Präparieren der Polyamidseide mit Hartfettsäurepolyglykolestern wurden ähnliche Meßergebnisse erhalten wie nach dem Aufbringen der entsprechenden Laurinsäurederivate (Bild 2).

2.2. *Messung der elektrostatischen Aufladung*

Die zur quantitativen Erfassung elektrostatischer Aufladungen von Faserstoffen verwendeten Methoden beruhen auf der Messung der Stärke des durch die Ladung entstehenden elektrischen Feldes. Sie kann am laufenden Faden ohne Berührung desselben durchgeführt werden. Zusammenstellungen der gebräuchlichsten Meßverfahren und Meßgeräte wurden von *Rösch* [18] und *Reishaus* [19] veröffentlicht.

Das am meisten verwendete und wohl auch geeignetste Gerät zur Aufladungsmessung ist das Feldmühlegerät nach *Schwenkhagen*. *Wagner* [8], *Bühler* [20], *Senner* [21], *Rösch* [18] und *Wegener* [22] haben dieses Gerät zur Durchführung ihrer grundlegenden Arbeiten auf dem Gebiet der Elektrostatik verwendet und beschrieben.

Für die vorliegenden Untersuchungen wurde der im ITC Rodolstadt gebaute Elektrostatik-Reibungs-Tester verwendet, in den eine Zylinderfeldmühle nach *Schwenkhagen* als Feldstärkemeßgerät eingebaut ist.

Die elektrostatische Aufladung des Fadens in C/cm ergibt sich aus:

$$q = \frac{2\pi \cdot \varepsilon}{\ln r_2 - \ln r_1} \cdot U;$$

q = Ladung in C/cm,
r_1 = Radius des Fadens,
r_2 = Zylinderradius der Feldmühle,
U = Meßspannung,
ε = Dielektrizitätskonstante.

Durch Variation der Belastung der Testbremse wurde die Höhe der primär entstehenden Aufladung stufenweise verändert.

2.2.1. *Einfluß der Laurin- und Hartfettsäurepolyglykolester auf die elektrostatische Aufladung von Polyamidseide*

Die elektrostatische Aufladung der mit verschiedenen Laurinsäurepolyglykolestern präparierten Polyamidseide zeigt nach einer Reibbeanspruchung in einer Bremse aus hartverchromtem Stahl eine Abhängigkeit von der Präparationsauflage. Mit zunehmender Auflage sinkt die elektrostatische Aufladung ab. Die für drei Präparationsauflagen graphisch ermittelten Ergebnisse der Aufladungsmessungen sind in Bild 3 dargestellt. Daraus geht hervor, daß im Bereich niedriger Äthoxylierung eine Verminderung der Aufladung in Abhängigkeit vom ÄO-Grad auftritt, die dem Verlauf der Widerstände in diesem Bereich entspricht. Es kann daher angenommen werden, daß der spez. elektrische Widerstand bis zu einem ÄO-Grad von 18 mol in erster Linie für die Höhe der gemessenen elektrostatischen Aufladung maßgebend ist. Demnach ist die Wirkung dieser Laurinsäurepolyglykolester vorwiegend auf einen Ableitmechanismus zurückzuführen.

Die beginnende Ausbildung der Mäanderstruktur der Laurinsäurepolyglykolester wirkt sich bei 20 und 22 mol ÄO stark auf die Aufladung aus, indem diese erheblich abfällt und erst zwischen 22 und 25 mol ÄO wieder ansteigt. Diese Verminderung der Aufladung ist wesentlich größer als die aus dem Verlauf des spez. elektrischen Widerstandes der Laurinsäurepolyglykolester zu erwartende. Daraus kann abgeleitet werden, daß die beginnende Bildung der Mäanderstruktur Verhältnisse auf der Faserstoffoberfläche schafft, die einer Entstehung elektrostatischer Aufladungen entgegenwirken.

Nach den Anschauungen von *Bühler* [20], *Senner* [21] und anderen Autoren [8, 23] kann eine Verminderung der Aufladungsneigung durch Potentialverschiebungen hervorgerufen werden. Solche Potentialverschiebungen sind durch die Bildung der Mäanderstruktur denkbar.

Nach *Kehren* und *Rösch* [24] ist in der Mäanderform der Polyglykolkette eine Wirkung von Dipolkräften zwischen dem Äthersauerstoff und den Methylengruppen anzunehmen, die zu derartigen Potentialverschiebungen Anlaß geben kann.

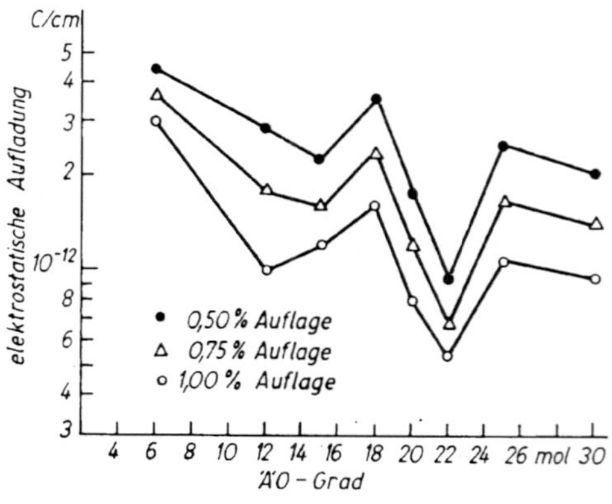

Bild 3. Elektrostatische Aufladung präparierter PA-S als Funktion des ÄO-Grades von Laurinsäurepolyglykolestern bei 20 p Bremsbelastung

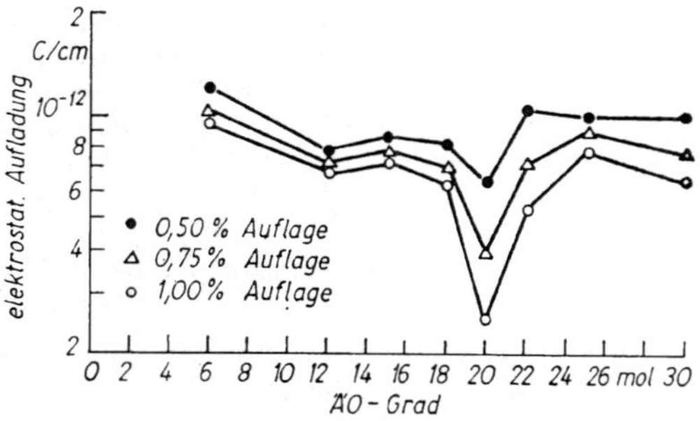

Bild 4. Elektrostatische Aufladung präparierter PA-S als Funktion des ÄO-Grades von Hartfettsäurepolyglykolestern bei 20 p Bremsbelastung

Die Begrenzung der Aufladungsverminderung auf den Bereich der beginnenden Bildung der Mäanderstruktur der Laurinsäurepolyglykolester läßt vermuten, daß diese durch ein Nebeneinanderbestehen von Polyglykolketten in der Zickzack- und in der Mäanderform bedingt ist. Ein gleichzeitiges Vorhandensein beider Strukturen ist möglich, da bei der Äthoxylierung der Laurinsäure Polyglykolketten mit niedrigeren und höheren ÄO-Graden entstehen, als der durchschnittliche ÄO-Grad angibt.

Mikroaufnahmen von Präparationsfilmen aus Laurinsäurepolyglykolestern zeigten, daß bei 20 mol ÄO die Bildung nadelförmiger Kristalle eintritt, die beim Reibvorgang die Kontaktfläche verringern bzw. den Abstand zwischen den in Kontakt befindlichen Oberflächen der Polyamidseide und des Reibkörpers vergrößern können. In beiden Fällen kann daraus eine Verminderung der elektrostatischen Aufladung resultieren.

Durch Präparieren von Polyamidseide mit Hartfettsäurepolyglykolestern wird eine ähnliche Beeinflussung der elektrostatischen Aufladung erzielt. Bild 4 zeigt den Verlauf der Aufladung in Abhängigkeit von der Präparationsauflage und vom ÄO-Grad. Die Ergebnisse deuten ebenfalls darauf hin, daß mit beginnender Bildung der Mäanderstruktur der Hartfettsäurepolyglykolester die aufladungsvermindernde Wirkung mehr durch Beeinflussung der Kontaktpotentiale als durch Leitfähigkeitseffekte bedingt sein wird. Die Abhängigkeit der elektrostatischen Aufladung vom spez. elektrischen Widerstand der Polyamidseide ist in den Bildern 5 und 6 graphisch dargestellt. Daraus geht hervor, daß die Aufladung der mit Laurinsäurepolyglykolestern präparierten Polyamidseide mit dem Widerstand stärker ansteigt, als die Aufladung der mit Hartfettsäurepolyglykolestern präparierten, und bei ÄO-Graden im Bereich der Strukturänderung größere Abweichungen von der Proportionalität zwischen Aufladung und Widerstand zeigt. Diese Abweichungen, die im Bereich der beginnenden Bildung der Mäanderstruktur besonders hervortreten, können auf Einflüsse der Kontaktvorgänge bei der Reibbeanspruchung zurückzuführen sein.

Nach *Bühler* und *Senner* bewirken ein längerer hydrophober Molekülteil und Doppelbindungen in der Präparation eine bessere antistatische Wirkung durch Beeinflussung der Kontaktpotentiale über Ladungsverschiebungen im Molekül bzw. durch Abstandsvergrößerungen zwischen Faserstoffoberfläche und Reibkörperoberfläche. Danach wäre eine stärkere Verminderung der elektrostatischen Aufladung durch die Hartfettsäurepolyglykolester gegenüber der Wirkung der Laurinsäurepolyglykolester zu erwarten.

Der sich aus Bild 6 gegenüber Bild 5 ergebende geringere Anstieg der Aufladung mit dem Widerstand und die nur bei 20 und 22 mol ÄO verlassene Proportionalität zwischen Aufladung und Widerstand legen jedoch die Schlußfolgerung nahe, daß mehr die Struktur der orientiert adsorbierten Präparationsschicht als die Möglichkeit der Polarisation in den Präparationsmolekülen eine aufladungsvermindernde Wirkung ausüben.

Da nicht nur die Potentialdifferenz zwischen Reibkörperoberfläche und Faserstoffoberfläche, sondern auch die zwischen Reibkörperoberfläche und Oberfläche des Präparationsfilmes für den Austausch von Ladungen zwischen dem Reibkörper und dem präparierten Faserstoff in Betracht kommen kann, ist eine Verminderung der Aufladung durch eine Verringerung der Zahl der Kontaktpunkte zwischen Präparationsfilm und Reibkörperoberfläche möglich.

Durch die unterschiedliche Kettenlänge der Hartfettsäurepolyglykolester ist die Voraussetzung dafür gegeben, und die bessere Wirkung der Hartfettsäuregegenüber den Laurinsäurepolyglykolestern kann gegebenenfalls auf diesen Einfluß zurückgeführt werden.

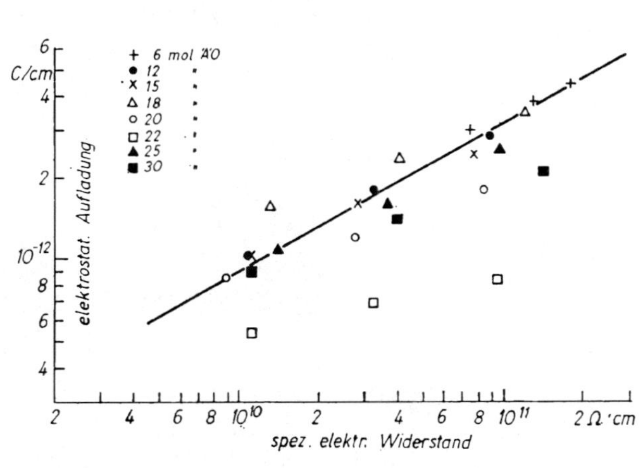

Bild 5. Elektrostatische Aufladung von PA-S nach dem Präparieren mit Laurinsäurepolyglykolestern unterschiedlichen ÄO-Grades als Funktion des spez. elektrischen Widerstandes

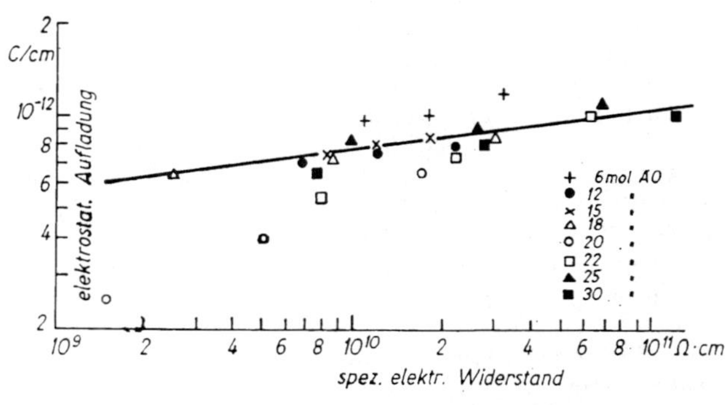

Bild 6. Elektrostatische Aufladung von PA-S nach dem Präparieren mit Hartfettsäurepolyglykolestern unterschiedlichen ÄO-Grades als Funktion des spez. elektrischen Widerstandes

2.3. Messung der dynamischen und der statischen Reibung

Die Überlagerung von Festkörperreibung und Flüssigkeitsreibung, die Gleichmäßigkeit der Eigenschaften der Faserstoffoberfläche und der Verteilung der Präparation auf dieser, die Einflüsse der Temperatur, der Luftfeuchte, der Fadenspannung, der Abzugsgeschwindigkeit, der Geometrie und der Oberflächenbeschaffenheit der Reibkörper sowie der Umschlingungswinkel stellen Faktoren dar, die bei der Durchführung von Reibungsmessungen berücksichtigt werden müssen. Diese Einflußgrößen können bis auf die Gleichmäßigkeit der Eigenschaften der Polyamidseidenoberfläche und der Verteilung der Präparation auf dieser durch die Meßbedingungen konstant gehalten werden. Die durch diese letztgenannten Faktoren bedingten Ungleichmäßigkeiten entlang des Fadens wirken sich daher direkt auf die Meßergebnisse aus, und es resultiert daraus eine entsprechende Streuung der Meßwerte.

Für die vorliegenden Untersuchungen wurden zwei verschiedene Geräte zur Reibungsmessung verwendet. Die dynamische Reibung wurde mit dem Elektrostatik-Reibungs-Tester gemessen. In diesen sind zwei Reibungsmeßgeräte nach *Honigmann* eingebaut, mit denen die Fadenspannungen vor und hinter dem Reibkörper gemessen werden. Der Reibungskoeffizient wird aus diesen Meßwerten nach der *Eytelwein*schen Gleichung

$$\mu = \frac{1}{\alpha} \cdot (\ln P_2 - \ln P_1)$$

berechnet. Die Messungen wurden bei einer Abzugsgeschwindigkeit von 7,8 m/min im Klimaraum bei 20 °C und 65% rel. Luftfeuchte durchgeführt. Als Reibkörper wurde ein hartverchromter Stahlstift von 10 mm Durchmesser verwendet. Der Umschlingungswinkel betrug 180°.

Die Reibung wurde an drei verschiedenen Fadenabschnitten jeder Polyamidseidenprobe gemessen, um zufällige Einflüsse der Oberflächeneigenschaften des Faserstoffes und der Präparationsverteilung auf das Meßergebnis einschränken zu können. Für jeden Fadenabschnitt wurde ein mittlerer Reibungskoeffizient errechnet. Der Mittelwert aus den Reibungskoeffizienten der drei Fadenabschnitte ist als Wert für die jeweilige Polyamidseidenprobe angegeben.

Eine Kontrolle der Meßergebnisse wurde teilweise durch Parallelmessungen mit dem F-Meter R 1082 T der Fa. Rothschild, Zürich, und einer dazu im ITC Rudolstadt gebauten Abzugsvorrichtung durchgeführt.

Ein direkter Vergleich der mit den beiden Geräten gemessenen Reibungskoeffizienten ist jedoch auf Grund der unterschiedlichen Reibkörper und Meßbedingungen nicht möglich.

Die statische Reibung von Fäden aneinander wird als Maß für die Wirkung von Präparationen auf die Haftung zwischen den einzelnen Filamenten angesehen [11]. Sie wurde mit dem F-Meter und der o.g. Abzugsvorrichtung gemessen. Anstelle des Reibkörpers wurde eine leicht laufende Umlenkrolle eingebaut, über die der Faden geführt wurde. Der Faden wurde dreimal um sich selbst geschlungen und mit einer Geschwindigkeit von 1 cm/min abgezogen.

Als Vergleichswert für den Einfluß der Präparation auf die Haftreibung wurde die Fadenspannung nach der Umschlingungsstelle herangezogen. Der Fadenspannungsmesser vor der Umschlingungsstelle diente zur Kontrolle der über eine Vorspannungsmasse konstant gehaltenen Zulaufspannung.

Der Faden haftet zunächst an der Umschlingungsstelle. Beim Abzug erhöht sich die Spannung zwischen dieser und der Abzugswalze, bis sie die Adhäsion des Fadens überwindet. Durch das eintretende Gleiten des Fadens fällt die Spannung steil ab und der Faden haftet erneut an der Umschlingungsstelle. So ergeben sich Haft-Gleitwechsel-Kurven für die Fadenspannung, aus deren Lage und Amplitude Rückschlüsse auf die Haftung der Fäden aneinander und damit auf die Wirkung unterschiedlicher Präparationen möglich sind.

Die statische Reibung wurde durch Messen von jeweils 50 Haft/Gleit-Wechseln an jeder Polyamidseidenprobe ermittelt. Die Fadenspannung wird aus der Haft-Gleit-Kurve als Mittelwert zwischen den Maxima und Minima entnommen.

2.3.1. Einfluß der Laurin- und Hartfettsäurepolyglykolester auf die dynamische Reibung von Polyamidseide

Die Strukturänderung der Laurinsäurepolyglykolester ließ einen Einfluß auf das Reibungsverhalten der mit diesen Substanzen präparierten Polyamidseide erwarten. Die Ergebnisse der Reibungsmessungen sind in Bild 7 dargestellt. Die reine Laurinsäure bewirkt eine hohe, von der Präparationsauflage abhängige Reibung, während ein ÄO-Grad bis zu 18 mol zu niedrigeren und vom ÄO-Grad wenig abhängigen Werten führt. Die Ausbildung der Mäanderstruktur zwischen 18 und 20 mol

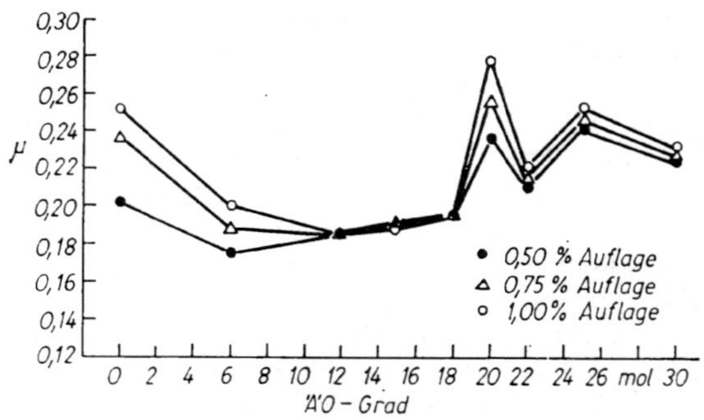

Bild 7. Koeffizient der dynamischen Reibung von präparierter PA-S als Funktion des ÄO-Grades von Laurinsäurepolyglykolestern bei 20 p Bremsbelastung

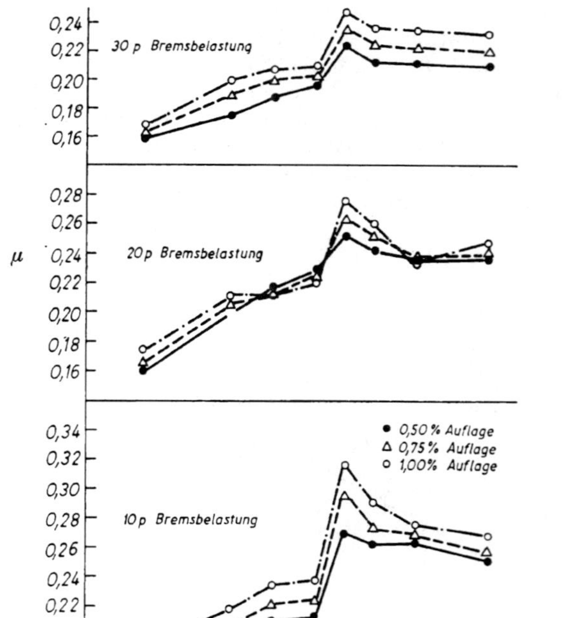

Bild 8. Koeffizient der dynamischen Reibung von präparierter PA-S als Funktion des ÄO-Grades von Hartfettsäurepolyglykolestern bei 10, 20 und 30 p Bremsbelastung

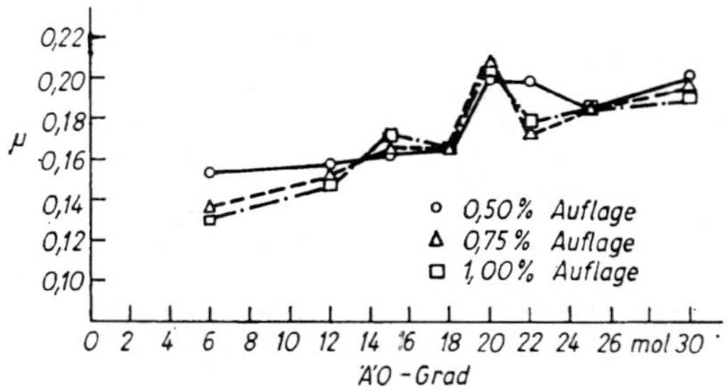

Bild 9. Koeffizient der dynamischen Reibung von präparierter PA-S als Funktion des ÄO-Grades von Hartfettsäurepolyglykolestern (F-Meter)

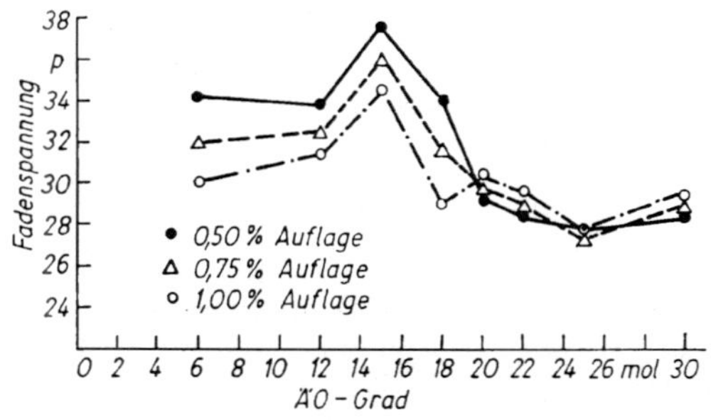

Bild 10. Mittlere Fadenspannung präparierter PA-S in p bei der statischen Reibung als Funktion des ÄO-Grades von Laurinsäurepolyglykolestern

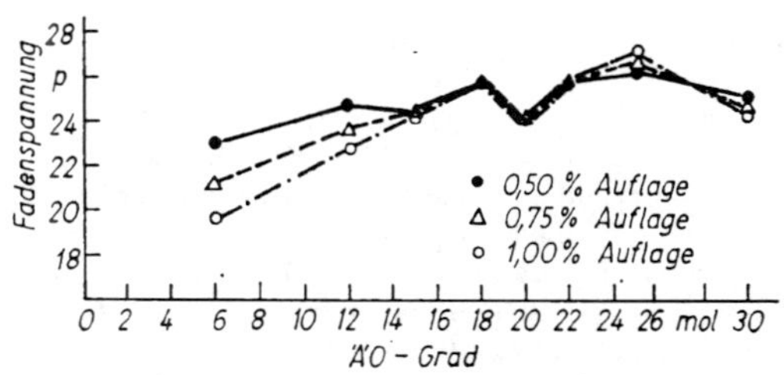

Bild 11. Mittlere Fadenspannung präparierter PA-S in p bei der statischen Reibung als Funktion des ÄO-Grades von Hartfettsäurepolyglykolestern

ÄO macht sich durch einen erheblichen Reibungsanstieg bemerkbar, wobei die mit 20 mol äthoxylierte Laurinsäure stark streuende Reibungswerte ergab und eine deutliche Abhängigkeit von der Auflage erkennen läßt. Offensichtlich führt das Nebeneinanderbestehen verschiedener Molekülstrukturen in diesem Falle zu einer komplizierten und schwer überschaubaren Beeinflussung des Reibungsverhaltens der Polyamidseide.

Der Einfluß der Hartfettsäurepolyglykolester auf den Reibungskoeffizienten von Polyamidseide am Strukturumwandlungspunkt entspricht weitgehend dem der Laurinsäurepolyglykolester. Die Abhängigkeit des Reibungskoeffizienten vom ÄO-Grad bei verschiedenen Bremsbelastungen ist aus Bild 8 zu entnehmen. Zwischen 18 und 20 mol ÄO tritt ebenfalls eine Erhöhung auf. Die durch Präparierung mit Hartfettsäurepolyglykolestern erzielten Reibungskoeffizienten liegen bei niedrigen ÄO-Graden tiefer, als die nach dem Aufbringen der Laurinsäurepolyglykolester gemessenen, steigen jedoch mit dem ÄO-Grad schnell auf vergleichbare Werte an.

Durch Vergleichsmessungen mit dem F-Meter an den mit Hartfettsäurepolyglykolestern präparierten Polyamidseiden konnte die gefundene Abhängigkeit des Reibungskoeffizienten vom ÄO-Grad und der bei 20 mol ÄO erfolgende Reibungsanstieg bestätigt werden (Bild 9).

Am Strukturumwandlungspunkt der Laurin- und Hartfettsäurepolyglykolester ist eine deutliche Abhängigkeit des Reibungskoeffizienten von der Präparationsauflage zu beobachten. Diese kann auf ein Nebeneinanderbestehen verschiedener Strukturen und eine dadurch bedingte Störung der Ordnung in der orientiert adsorbierten Schicht von Präparationsmolekülen zurückzuführen sein.

2.3.2. *Einfluß der Fettsäurepolyglykolester auf die statische Reibung der Polyamidseide*

Im Gegensatz zur dynamischen Reibung, bei der der Reibungskoeffizient als Basis für Vergleiche zwischen der Wirkung der unterschiedlich äthoxylierten Laurinsäuren und Hartfettsäuren diente, ist für Vergleiche hinsichtlich der statischen Reibung die Fadenspannung nach der Umschlingungsstelle herangezogen worden.

Die Laurinsäurepolyglykolester bewirken bei niedriger Äthoxylierung eine hohe, von der Auflage abhängige Fadenspannung. Im ÄO-Grad-Bereich, in dem die Strukturänderung erfolgt, tritt ein erheblicher Abfall der Spannung auf, während eine weitere Anlagerung von Äthylenoxid keinen Einfluß mehr ausübt (Bild 10). Bei den mit Hartfettsäurepolyglykolestern präparierten Polyamidseiden ist die statische Reibung wie die dynamische wesentlich geringer und führt am Strukturumwandlungspunkt nur zu einem sehr geringen Abfall (Bild 11).

Die bei ÄO-Graden der Laurinsäurepolyglykolester oberhalb 18 mol gemessenen Haftreibungswerte liegen etwa in der Größe wie die durch die Hartfettsäurepolyglykolester nach nahezu stetigem Anstieg erreichten.

Die statische Reibung zwischen zwei Faserstoffoberflächen ist durch *van der Waals*sche Kräfte bedingt. Bei der Berührung zweier präparierter Faserstoffoberflächen tritt zunächst ein Kontakt zwischen den beiden Präparationsfilmen auf, so daß u. a. die Wechselwirkung zwischen den orientiert adsorbierten Präparationsmolekülen für die statische Reibung mitbestimmend sein wird. Danach wäre eine Wirkung der Fettsäurepolyglykolester auf die statische Reibung nach folgendem Schema denkbar:

Da die Laurinsäurepolyglykolester weitgehend gleiche Fettsäurekettenlängen besitzen, ist mit einem einheitlichen dicken Präparationsfilm zu rechnen, während die heterogene Hartfettsäure mit ihren unterschiedlichen Fettsäurekettenlängen eine weniger ebene Oberfläche des Präparationsfilmes bildet. Diese „rauhe" Oberfläche kann die Zahl der Berührungspunkte vermindern und damit weniger Angriffspunkte für die Wirkung *van der Waals*scher Kräfte zwischen den Präparationsschichten bieten.

Nach Bildung der Mäanderstruktur ist der Platzbedarf der Moleküle der Laurin- und Hartfettsäurepolyglykolester auf der Faseroberfläche wesentlich größer, so daß dadurch ebenfalls die Zahl der Kontaktpunkte verringert werden kann. Durch den erhöhten Platzbedarf ist bei gleichen Auflagen möglicherweise auch die Bildung mehrerer, übereinanderliegender Präparationsschichten bedingt, die ein besseres Abgleiten der Oberflächen gewährleisten können.

3. Zusammenfassung

Bei Anwendung von Laurin- und Hartfettsäurepolyglykolestern als Präparationskomponenten für Polyamidseide ist eine Beeinflussung der Oberflächeneigenschaften der Polyamidseide durch eine vom ÄO-Grad abhängige Strukturänderung der Fettsäurepolyglykolester zu beobachten.

Der Mechanismus der antistatischen Wirkung ist wahrscheinlich vom ÄO-Grad der Fettsäurepolyglykolester abhängig. Bei niedrigen ÄO-Graden kann die antistatische Wirkung auf einen Ableitmechanismus und nach Ausbildung der Mäanderstruktur auf Kontaktpotentialeinflüsse zurückgeführt werden.

Ergebnisse von Messungen der statischen und der dynamischen Reibung deuten darauf hin, daß die Einheitlichkeit der Fettsäurekettenlänge neben dem ÄO-Grad für die Beeinflussung der Oberflächeneigenschaften der Polyamidseide von Bedeutung sind und sich die Strukturänderung der verwendeten Präparationskomponenten auf das Haft-Gleit-Verhalten der Polyamidseide auswirkt.

Literatur

[1] *Dürig, G.:* Statische Elektrizität in der Textilindustrie SVF Fachorg. Textilveredl., Basel **17** (1962) 4, S. 242 bis 259.
[2] *Schwenkhagen, H. F.:* Elektrostatische Aufladungen und ihre Beseitigung. Melliand Textilber. **34** (1953) S. 1182 bis 1185.
[3] *Heide, K.:* Die elektrostatische Leitfähigkeit von Textilfasern. Faserforsch. u. Textiltechnik **2** (1951) 10, S. 391 bis 402.
[4] *Nuding, H.:* Die elektrostatische Aufladung bei der Verarbeitung von Zellwolle in der Baumwollspinnerei, ihre Ursachen und ihre Wirkungen. Textil-Praxis **4** (1949) S. 364—367.
[5] *Götze, K., Brasseler, W.,* und *Hilgers, F.:* Über die elektrostatische Aufladung von Textilfasern und ihre Verhütung. Melliand Textilber. **34** (1953) 2, S. 141—142; 3, S. 220—222; 4, S. 349—350; 5, S. 451—452; 6, S. 548 bis 550; 7, S. 658; 8, S. 768—769.
[6] *Weigand, H.:* Über den gegenwärtigen Entwicklungsstand antistatischer Präparationen für Chemiefasern. Textil-Praxis **10** (1955) 8, S. 810—813.
[7] *Sippel, A.:* Die Bedeutung und Beseitigung der elektrostatischen Aufladung der Textilfasern. Melliand Textilber. **35** (1954) 8, S. 831—835.
[8] *Wagner, E.:* Verhalten antielektrostatisch ausgerüsteter Textilien bei Trag- und Waschversuchen. Chemiefasern **11** (1961) 3, S. 178—191; 6, S. 410—412; 7, S. 477—482.
[9] *Wegener, W.,* und *Schuler, B.:* Beitrag zur Grundlagenermittlung des Reibungskoeffizienten von Fäden. Z. ges. Textilind. **66** (1964) 4, S. 250—254; 5, S. 362 bis 367; 6, S. 458—463.
[10] *Rotschild, D.:* Elektronische Fadenspannungs- und Reibungskoeffizienten-Meßgeräte. Textil-Rdsch., St. Gallen **18** (1963) 3, S. 117—124.
[11] Textile chemicals Bulletin, Atlas Chemicals Industries (1964).
[12] *Maag, F.:* Über das Haft-Gleit-Verhalten von Faserstoffen. Dissertation Stuttgart 1955.
[13] *Lochmüller, O.:* Prüfmethode und Gerät für die Ermittlung der elektrostatischen Aufladung und der Reibung am laufenden Faden. Dt. Textiltechnik **19** (1969) 3, S. 172—177.
[14] *von Hornuff, G.,* und *Heise, M.:* Über grenzflächenaktive Eigenschaften von Fettsäurepolyglykolestern unter Berücksichtigung ihrer Anwendung als Präparationsmittel. Faserforsch. u. Textiltechnik **23** (1972) 7, S. 291—297.
[15] *Von Hornuff, G.,* und *Heise, M.:* Einfluß des Äthoxylierungsgrades auf die Struktur von Fettsäurepolyglykolestern. Faserforsch. u. Textiltechnik **23** (1972) 7, S. 298 bis 303.
[16] *von Hornuff, G.:* Die Normung der Prüfmethoden für Textilhilfsmittel Z. ges. Textilind. **62** (1960) 23, S. 1052 bis 1055.
[17] Autorenkollektiv: Statische Elektrizität bei der Verarbeitung von Chemiefasern; Leipzig: Fachbuchverlag 1963.
[18] *Rösch, M.:* Elektrostatik und Antielektrostatik, ihre Bedeutung für die Textilindustrie. Z. ges. Textilind. **63** (1961) 9, S. 968—970; 12, S. 1054—1058.
[19] *Reishaus, M.:* Messung elektrischer Aufladungen bei Textilien Melliand Textilber. **44** (1963) S. 202—203.
[20] *Bühler, M.:* Über Zusammenhänge zwischen Konstitutionen und Wirksamkeit von antistatischen Substanzen. Textil-Praxis **12** (1957) 11, S. 1142—1149; 12, S. 1234 bis 1245.
[21] *Senner, P.:* Über chemische Zusammensetzung und Wirksamkeit antistatischer Präparationsmittel auf PERLON. Reyon, Zellwolle andere Chemiefasern **8** (1958) 9, S. 666—670; 10, S. 744—748; 11, S. 807—813; 12, S. 865—867.
[22] *Wegener, W.,* und *Topf, W.:* Die Elektrizitätskonstante und Wirksamkeit antistatischer Avivagen. Textil-Praxis **18** (1963) 4, S. 327—332; 5, S. 417—421.
[23] *Frotscher, H.:* Probleme der antistatischen Permanentausrüstung. Melliand Textilber. **41** (1960) 9, S. 1121 bis 1124.
[24] *Kehren, M.,* und *Rösch, M.:* Über ein Feinstruktursystem monosubstituierter Polyäthylenoxidderivate. Melliand Textilber. **38** (1957) 1, S. 96—99; 2, S. 191—196; 3, S. 319—321.

Eingegangen am 6. März 1972

Kurze Mitteilungen[1]

Zur Bestimmung des Weißgrades an Prüflingen mit durchbrochenem Muster

DK 677.65:535.668.6:535.65:535.312

Allgemein wird in der Praxis der Weißgrad nach TGL 16-650 270 mittels Leukometer des VEB Carl Zeiss Jena, oder durch Abmustern gegen einen Graumaßstab bestimmt.

Der Weißgrad von Flächengebilden mit durchbrochenen Mustern (z. B. Gardinen) ist nach dem letztgenannten Verfahren bestimmt worden, das aber nur eine subjektive Beurteilung zuläßt. Messungen des Weißgrades an Flächengebilden mit durchbrochenen Mustern mittels Leukometer führten, bedingt durch den großen Einfluß des Untergrundes, zu wesentlichen Verfälschungen der Meßwerte. Um aber dieses objektive Meßverfahren auch für Weißgradmessungen an Gardinen nutzen zu können, wird von uns das sogenannte Kompensationsverfahren angewandt. Dabei ist der Prüfling auf verschiedene Reflexionsnormale aufzulegen und zu messen. Die positiven bzw. negativen Abweichungen des Meßwertes gegenüber dem Wert des Reflexionsnormals (gemessener Blau- und Rot-Reflexionsgrad des Prüflings mit Reflexionsnormal minus Reflexionsgrad des Reflexionsnormals) werden in einer Meßreihe ermittelt und notiert. Daraufhin sind diese Differenzen in Abhängigkeit von den Reflexionsgraden der einzelnen Reflexionsnormale in einem Diagramm einzutragen und die einzelnen Meßwerte durch eine entsprechende Kurve zu verbinden. Der Nulldurchgang der Kurve durch die Abszisse ergibt den wirklichen Blau- oder Rot-Reflexionsgrad des Prüflings. Der Weißgrad wird dann aus der Formel nach *Stephanson* zu

$$W_n = 2B - R$$

errechnet und ergibt sich beim Einsetzen der Reflexionsgrade in % ebenfalls in %. Hierbei ist aber weiterhin noch eine Angabe über die Dicke bzw. über die Anzahl Lagen des Prüflings zu machen, da der Meßwert durch die vorhandenen Löcher und die dementsprechend auftretende Schattenbildung beeinflußt wird.

Das folgende praktische Beispiel soll das Kompensationsverfahren deutlich machen. Die Messungen des Blau- und Rot-Reflexionsgrades erfolgten nach TGL 16-650 270, Entwurf September 1971, mittels Leukometer an einem im Xenotestgerät WL 450 belichteten Prüfling einer Gardine mit durchbrochenem Muster (Filetgrund).

Entsprechend der Größe des Prüflings konnte dieser nur 2mal gefaltet werden, so daß der Prüfling in 4 Lagen (4fach) mit dem Leukometer gemessen wurde.

Es ergaben sich die in Tabelle 1 aufgeführten Reflexionsgrade.

[1]) Die Veröffentlichung der „Kurzen Mitteilungen" erfolgt unter alleiniger Verantwortung der Verfasser.

Tabelle 1. Zusammenstellung der Reflexionsgrade in %

Reflexionsgrad gemessene Werte	Blau (B) oder Rot (R)	Nennwert des Reflexionsnormals 30	50	65	75	85	Interpolierter Reflexionsgrad des Prüflings
Reflexionsnormal ohne Prüfling	B_s	30,80	51,00	69,20	76,60	86,67	
Reflexionsnormal mit Prüfling	B	49,41	52,12	59,50	63,40	67,22	52,8
Differenz	$\Delta B = B - B_s$	18,61	1,12	−9,70	−13,20	−19,45	
Reflexionsnormal ohne Prüfling	R_s	27,80	46,30	62,40	70,80	82,41	
Reflexionsnormal mit Prüfling	R	—	57,60	63,70	68,00	73,30	65,0
Differenz	$\Delta R = R - R_s$	—	11,30	1,30	−2,80	−9,01	

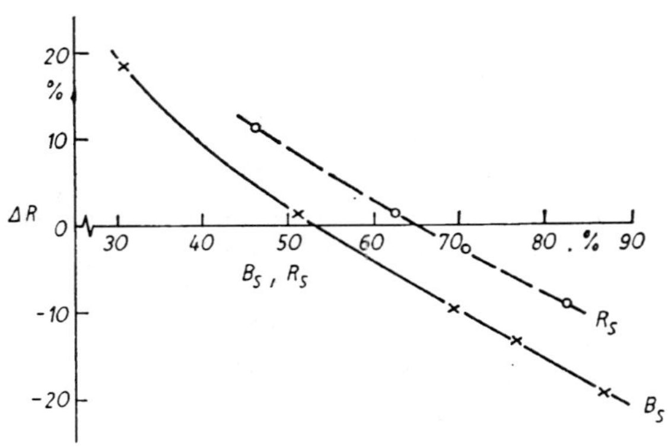

Bild 1 $\Delta B = f(B_s)$, $\Delta R = f(R_s)$

Der Blau- und Rot-Reflexionsgrad des Prüflings läßt sich dann graphisch entsprechend dem aus dem Bild 1 ersichtlichen Verfahren ermitteln und ablesen. Es zeigt sich, daß die Kurven möglichst aus mindestens 3 bis 4 Meßpunkten gebildet werden sollten, um den Kurvenverlauf und den Nulldurchgang durch die Abszisse möglichst gut interpolieren zu können.

Der Normal-Weißgrad des Prüflings ergibt sich zu

$$W_n = 2B - R = 2 \cdot 52{,}8 - 65{,}0 = 40{,}6\%,$$

oder, gerundet auf ganze Zahlen, zu $W_n = 41\%$.

Friedrich Winkler, Sieglinde Pietschmann und *Wolfgang Götze*
Deutsche Akademie der Wissenschaften zu Berlin, Institut für Polymerenchemie in Teltow-Seehof

Eingegangen am 29. März 1972

Zur Bestimmung des Weißgrades an optisch aufgehelltem Prüfgut

DK 677.1/.5:677.044.314.5:677.016.6:677.827.3:535.668.6

Die Bestimmung des Weißgrades an ungefärbtem, nicht optisch aufgehelltem und optisch aufgehelltem Prüfgut erfolgt nach dem Fachbereichsstandard TGL 16-650270, Entwurf September 1971, mit dem Leukometer des VEB Carl Zeiss Jena.

Wie durchgeführte Messungen zeigten, tritt beim Übergang von nicht aufgehelltem zu optisch aufgehelltem Prüfgut im Weißgrad immer ein relativ großer Sprung auf. Dies liegt in folgendem begründet:

Der Blau-Reflexionsgrad B (460 nm) und der Rot-Reflexionsgrad R (615 nm) von nicht optisch aufgehelltem Prüfgut werden mittels einer Glühlampe (6 V, 30 W) gemessen und der Normal-Weißgrad W_n nach der Formel

$$W_n = 2B - R \qquad (1)$$

in % errechnet. Die Messung des Blau-Reflexionsgrades B_a von optisch aufgehelltem Prüfgut, bezeichnet als Aufhell-Reflexionsgrad, erfolgt dagegen mit Hilfe einer Quecksilberdampflampe (HQE 40 W). Der Aufhell-Weißgrad W_a läßt sich dann nach der Formel

$$W_a = 100 + B_a - R \qquad (2)$$

in % bestimmen.

Wie im Standard formuliert, soll mit diesen Formeln eine Rangordnung für die Weiße in Übereinstimmung mit der nach dem visuellen Eindruck aufgestellten Rangfolge festgelegt werden, nicht aber ein quantitativer, empfindungsgemäßer Abstand. Bei der Bestimmung des Aufhell-Weißgrades wird der eine Blau-Reflexionsgrad aber von vornherein schon als konstant gleich 100% gesetzt. Inwieweit dies richtig und sinnvoll ist, sollen die folgenden durchgeführten Untersuchungen zeigen.

Um für die Untersuchungen ein Prüfgut mit unterschiedlichen, aber möglichst visuell gleichabständigen und gut differenzierbaren Weißgradstufen zu haben, wurden die Messungen an einem neuen lichtechten Weißmaßstab aus Cibanoid-Pressmasse der Ciba AG. Basel, durchgeführt. Eine genaue Beschreibung dieses Maßstabes und seiner Anwendungsmöglichkeiten wurden von *G. Anders* in Textilveredlung, Weinfelden/Schweiz **3** (1968) 3, S. 116–124, gegeben.

Bei diesem Maßstab hat man versucht, nahezu gleiche Abstände wie bei den Textil-Weißmaßstäben beizubehalten bzw. auf die Stufen des neuen Maßstabes zu übertragen. Dabei sind zur Erweiterung des Maßstabes in den Gelbbereich die Stufen 1 bis 4 mit abnehmender Menge eines lichtechten Gelbpigmentes eingefärbt. Die Stufe 5 enthält keinen Farbstoff mehr und noch keinen optischen Aufheller. Die Stufen 6 bis 12 enthalten einen optischen Aufheller zunehmender Konzentration mit guter Lichtechtheit.

Die Ergebnisse der Weißgradmessung an dem Ciba-Weißmaßstab mittels Leukometer zeigt Tabelle 1.

Der Blau-Reflexionsgrad B zeigt erwartungsgemäß wesentliche Unterschiede zum Aufhell-Reflexionsgrad B_a (Bild 1). Anders liegen die Verhältnisse beim Rot-Reflexionsgrad R und R_a. Hier treten nur bei sehr hohen Weißgraden, d. h. bei Anwendung einer großen Konzentration von optischem Aufheller, geringe Unterschiede auf.

Wesentliche Unterschiede ergeben sich auch zwischen den nach den entsprechenden Formeln berechneten Normal-

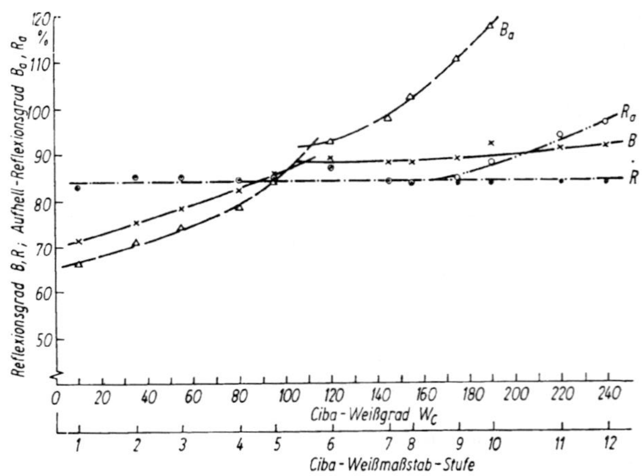

Bild 1. $B, Ba, R, Ra = f(W_C)$

Tabelle 1. Ergebnisse der Weißgradmessung

Ciba-Weißgrad		Blau-Reflexionsgrad		Rot-Reflexionsgrad		Weißgrad (Leukometer)		
Stufe	Nennwert W_c	B in %	B_a in %	R in %	R_a in %	W_n in %	W_a in %	W_a^* in %
1	10	71,5	66,3	82,9	83,2	60,1	83,4	49,7
2	35	75,6	71,2	85,0	85,0	66,2	86,2	57,4
3	55	78,3	74,5	85,0	85,0	71,6	89,5	64,0
4	80	82,0	78,3	84,3	84,3	79,7	94,0	72,3
5	95	85,6	84,0	84,7	84,7	86,5	99,3	83,3
6	120	89,1	92,8	86,9	86,9	91,3	105,9	98,7
7	145	88,1	97,7	84,0	84,0	92,2	113,7	111,4
8	155	88,0	102,2	83,4	83,4	92,6	118,8	121,0
9	175	88,8	110,3	83,4	84,5	94,2	126,9	137,2
10	190	92,0	117,2	83,8	87,9	100,2	133,4	150,6
11	220	91,1	—	84,0	93,7	98,2	—	—
12	240	91,6	—	83,7	96,4	99,5	—	—

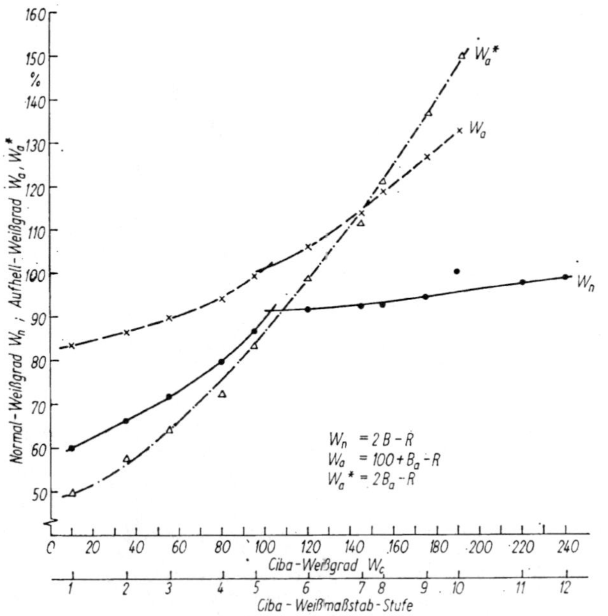

Bild 2. W_n, W_a, $W_a^* = f(W_c)$

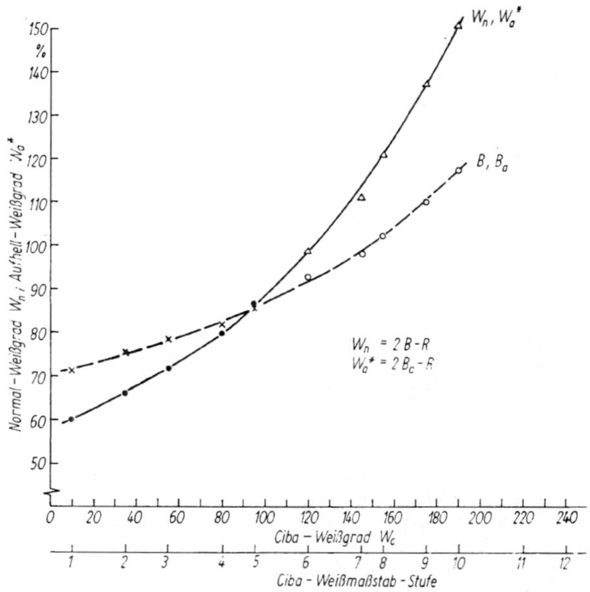

Bild 3. W_n, $W_a^* = f(W_c)$ B, $Ba = f(W_c)$

Weißgraden W_n und dem Aufhell-Weißgraden W_a. Sehr deutlich ist dies an Bild 2 zu erkennen. Sowohl die Funktion $W_n = f(W_c)$ als auch die Funktion $W_a = f(W_c)$ zeigen bei einem Weißgrad von 100% einen Knick.

Nach TGL 16-650 270 wäre für Prüfgut ohne optischem Aufheller, d. h. in diesem Falle für die Stufen 1 bis 5, der Normal-Weißgrad W_n und für Prüfgut mit optischem Aufheller, d. h. für die Stufen 6 bis 12, der Aufhell-Weißgrad W_a zu berechnen. Hierbei zeigt sich dann deutlich der schon erwähnte Sprung in den Weißgrad-Meßwerten. Würde man aber optisch aufgehelltes Prüfgut mit einer normalen Glühlampe messen, wäre, wie aus der Kurve $W_n = f(W_c)$ ersichtlich, keine gute Differenzierung der Meßwerte gegeben. Eine Messung des optisch nicht aufgehellten Prüfgutes mit einer Quecksilberdampflampe würde wiederum viel zu hohe, unreale Weißgrade ergeben.

Sowohl eine eindeutige Differenzierung als auch einen guten Anschluß der Weißgrade von optisch aufgehelltem Prüfgut an die von optisch nicht aufgehelltem Prüfgut wird erreicht, wenn, wie in der TGL 16-650 270 gefordert, der Blau- und Rot-Reflexionsgrad von optisch nicht aufgehelltem Prüfgut mit einer normalen Glühlampe und der Blau-Reflexionsgrad von optisch aufgehelltem Prüfgut mit einer Quecksilberdampflampe gemessen, jedoch sowohl der Normal-Weißgrad als auch der Aufhellweißgrad nach der folgenden Formel von *Stephanson* berechnet werden:

$$\text{Normal-Weißgrad} \quad W_n = 2B - R, \tag{1}$$

$$\text{Aufhell-Weißgrad} \quad W_a^* = 2B_a - R. \tag{3}$$

Die Kurven des Blau-Reflexionsgrades B und B_a in Abhängigkeit vom Ciba-Weißgrad $W_c(B, B_a = f(W_c))$ und der mit dem Leukometer gemessenen Weißgrade W_n und W_a^* in Abhängigkeit vom Ciba-Weißgrad $W_c(W_n, W_a^* = f(W_c))$ sind im Bild 3 dargestellt. Man kann erkennen, daß eine gute Anpassung der Weißgrade von optisch aufgehelltem Prüfgut an die von optisch nicht aufgehelltem Prüfgut gegeben ist. Das Bild 3 zeigt aber vor allem auch die gute Differenzierung der Weißgrade im gesamten Meßbereich. Wir schlagen daher vor, in Zukunft den Aufhell-Weißgrad W_a^* nach der Beziehung (3) zu berechnen.

Friedrich Winkler, Wolfgang Götze und *Sieglinde Pietschmann*

Deutsche Akademie der Wissenschaften zu Berlin, Institut für Polymerenchemie in Teltow-Seehof

Eingegangen am 29. März 1972

Über die Anwendung der Trübungsmessung zur Titandioxidbestimmung in mattierten Polyäthylenterephthalatmaterialien

DK 678.674'524'420:678.047.6:546.824-31:543.436

Um die quantitative Mattierungsmittelbestimmung rationeller zu gestalten, arbeiteten wir schon eine polarographische Methode aus [1], die aber in bezug auf Analysendauer und Routinebetrieb keine wesentlichen Vorteile gegenüber den herkömmlichen Methoden aufweist. Aus Erfahrungen bei der Bestimmung der Lösungsviskosität von unterschiedlich mattierten PÄT-Proben und der Möglichkeit von Trübungsmessungen an TiO_2-Suspensionen [2] resultierte schließlich eine im folgenden beschriebene Arbeitsweise, bei der die zeitaufwendigen Abtrenn- und Aufschlußoperationen für TiO_2 umgangen werden können. Besonders ökonomisch wird die Trübungsmessung, wenn sie mit der routinemäßig durchgeführten Lösungsviskositätsbestimmung gekoppelt werden kann, da in den hier anfallenden Suspensionen der TiO_2-Anteil bereits in einer direkt meßbaren Form vorliegt.

Meßtechnisch erfaßbare optische Eigenschaften von TiO_2 dienen meist zur Charakterisierung dieses Weißpigments in Farben und Lacken [3] sowie Hochpolymeren [4, 5]. Eine Mes-

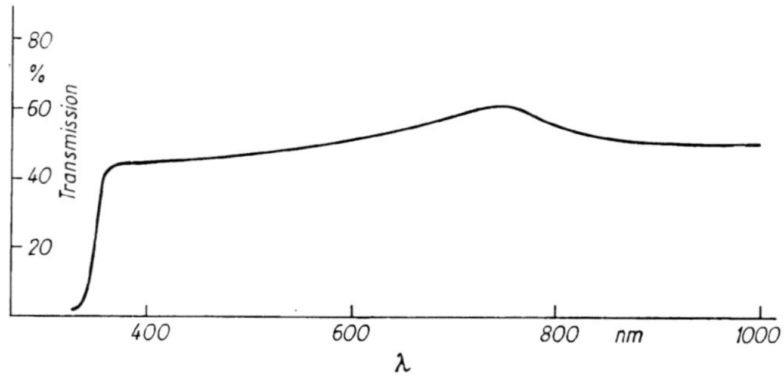

Bild 1. Transmissionsspektren von TiO_2-Suspensionen
Einwaage: 125,0 mg PÄT (0,5% TiO_2) in 25,0 ml
Lösungsmittel: Phenol/Tetrachloräthan (3:2)
Schichtdicke: 1,0 cm

sung der scheinbaren Extinktion (E_λ) an Lösungen von mattierten Polymeren in geeigneten Lösungsmitteln ermöglicht dagegen die quantitative Bestimmung von TiO_2 in Polymeren. Bekannt ist die nephelometrische Methode zur Bestimmung von TiO_2 in DEDERON [6].

Die Wechselwirkung hochdispergierter Teilchen mit dem Licht ist abhängig von der Teilchenform und der Teilchengröße, der verwendeten Wellenlänge, der Eigenabsorption, den Lichtbrechungsindizes der dispergierten Phase und des umgebenden Mediums, der Teilchenkonzentration und der Schichtdicke. Diese Einflußgrößen lassen sich bei Trübungsmessungen an TiO_2-Suspensionen geeigneter Konzentration konstant halten.

Die handelsüblichen KRONOS Titandioxid-Typen [7] garantieren z. B. eine enge Korngrößenverteilung in einem Bereich von 100 bis 1300 nm [8].

Die Wellenlängenabhängigkeit T_λ der von uns untersuchten Suspensionen ist in Bild 1 dargestellt.

Bild 2 zeigt die Funktion $E_\lambda = f(c_{TiO_2})$.

Die Kurven I und II wurden für die verwendeten Meßgeräte[1]) als Eichkurven benutzt. Den Eichmessungen (Abszissenwerte) liegen gravimetrisch bestimmte TiO_2-Gehalte von Proben unterschiedlicher Provenienz zugrunde.

Durchführung der Messung

Ca. 125 mg PÄT(E) werden mit analytischer Genauigkeit in einen Erlenmeyerkolben eingewogen und bei 100 °C und Magnetrührung in 25,0 ml eines Gemisches aus Phenol/Tetrachloräthan (3:2) gelöst. An den entstehenden Suspensionen wird die scheinbare Extinktion in 1 cm-Küvetten bei 850 bis 1000 nm oder mit dem Blaufilter GB 12 gemessen. Die Vergleichsküvette enthält das Lösungsmittel.

Die Berechnung erfolgt über die Beziehung

$$TiO_2\,(\%) = \frac{c_{(mg)} \times 100}{E\,(mg)},$$

wobei c aus der Eichkurve ermittelt wird.

Wertung und Fehlerbetrachtung

Die Analysendauer wird weitestgehend durch die Lösezeit bestimmt und liegt bei 30 min für eine Bestimmung.

Geringe Färbungen der Lösungen stören die Bestimmung nicht. Besondere Anforderungen an das Lösungsmittel werden nicht gestellt; neben dem hier verwendeten Gemisch von Phenol/Tetrachloräthan ist z. B. auch *m*-Kresol im Gemisch

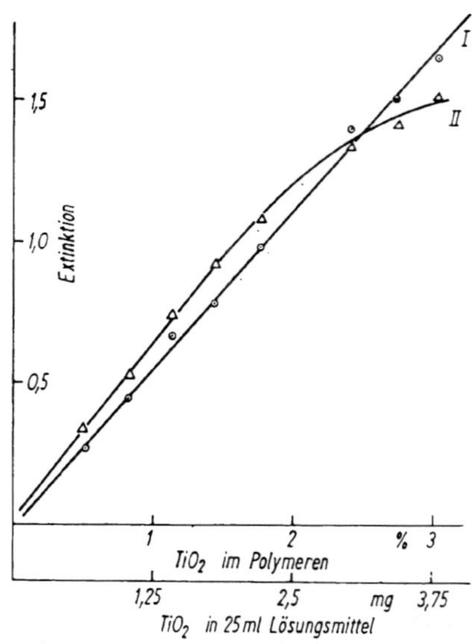

Bild 2. Abhängigkeit der scheinbaren Extinktion von der TiO_2-Konzentration bei $\lambda = 1000$ nm, Kurve I, und mit Blaufilter BG 12 (max. Durchlässigkeit bei 400 nm), Kurve II.

mit Tetrachloräthan zu empfehlen. Hohe Viskosität und Dichte des Mediums verringern die Sedimentation des TiO_2.

Die Standardabweichung und der Variationskoeffizient betragen für einen Bearbeiter und beide verwendeten Geräte:

$$s_{10} = \pm 0{,}01\%\ TiO_2$$

$$v = \pm 2{,}3\%\ TiO_2.$$

Die Methode ist u. E. auch als Betriebskontrollmethode gut geeignet.

Literatur

[1] *Dinse, H.-D.*, und *Ewert, K.-H.*: Über die polarographische Titandioxid-Bestimmung in mattierten Polyäthylenterephthalat- und Polycaproamidmaterialien. Faserforsch. u. Textiltechnik **21** (1970) 12, S. 541–543.
[2] *Praeger, K.*, *Bröcker, W.*, und *Raue, I.*: Die Bestimmung des Mattierungsmittelgehaltes in Titandioxidsuspensionen und mattiertem Polyamid. Faserforsch. u. Textiltechnik **20** (1969) 7, S. 330–333.
[3] *Lund, E.*, und *Vial, F.*: Zur Messung optischer Eigenschaften von Weißpigmenten. Farben u. Lacke **65** (1959) S. 695–703.
[4] *Sachs, G.*: Titandioxid in Kunststoffen und Gummi. Kautschuk u. Gummi **16** (1963) 5, S. 256–266.
[5] *Kaufmann, S.*: Messung der Transmission von Elementarfäden aus Polyamid 6 und Polyester mit polarisierter Strahlung im ultravioletten Spektralbereich. Faserforsch. u. Textiltechnik **20** (1969) 1, S. 47–49.
[6] *Wünsch, E.*: Die Bestimmung der Mattierungsmittelgehaltes von DEDERON durch Nephelometrie. Mitt. Inst. Textiltechnol. Chemiefasern Rudolstadt **3** (1959) 2, S. 179–180.
[7] Verzeichnis aller KRONOS-Titandioxid-Typen. KRONOS-Information Nr. 33 (1967).
[8] *Rechmann, H.*: Herstellung von Titandioxid-Pigment einheitlicher Teilchengröße. „FATIPEC Kongreßbuch 1962". Weinheim/Bergstr.: Verlag Chemie 1962.

Karl-Heinz Ewert und *Hans-Dieter Dinse*
VEB Chemiefaserwerk Wilhelm-Pieck-Stadt Guben
Abteilung Forschungslabor

Eingegangen am 17. 4. 72

[1]) Beckman-Spektrophotometer DB-G und Lange-Kolorimeter VIIS

Neue Bücher

Polyelectrolytes. Von *Fumio Oosawa.* New York: Marcel Dekker, Inc. 1971. VII, 160 S., Lwd. $ 14.75.

Das Buch gibt eine in sich geschlossene Darstellung der wichtigsten allgemeinen Probleme der Theorie von Polyelektrolyten. Ohne komplizierte mathematische Ausführungen und detaillierte chemische Betrachtungen werden auf der Basis der statistischen Thermodynamik nach einem einheitlichen Konzept die grundlegenden theoretischen Formeln für das Verhalten von Polyelektrolyten abgeleitet. Dabei beschränkt sich der Autor im wesentlichen auf die Modelle knäuel- und stäbchenförmiger Makroionen. Das in den letzten Jahren von verschiedenen Bearbeitern vorgeschlagene Prinzip der Kondensation der Gegenionen am Makroion bei Überschreiten einer kritischen Ladungsdichte wird klar herausgearbeitet und zur Interpretation des Verhaltens der Gegenionen herangezogen. Weiterhin wird der Einfluß der Wertigkeit und der Größe der Gegenionen diskutiert.

Außerdem werden Fragen der Polarisierbarkeit der Polyelektrolyte, der Fluktuation der Gegenionen, des Bindungszustandes der Gegenionen und des Einflusses von niedermolekularem Salz behandelt.

Die letzten Kapitel des Buches sind der Betrachtung der Wechselwirkung zwischen den Makroionen, der in der Lösung auf das Makroion wirkenden äußeren Kräfte und der Konformationsänderungen der Polyelektrolyte gewidmet.

Experimentelle Daten werden nur insoweit angeführt, wie sie unmittelbar im Zusammenhang mit den erhaltenen theoretischen Ergebnissen stehen. Spezifische Effekte, die durch spezielle Konformation der Makroionen und Ladungsträgerverteilung bedingt sind, werden nicht behandelt.

Der Wert des Buches liegt gerade in einer gut gewählten Beschränkung der Thematik, die eine einheitliche und übersichtliche Darstellung der allgemeinen theoretischen Grundlagen der Polyelektrolyte ermöglicht.

Das Buch ist deshalb dem neu auf dem Gebiet der Polyelektrolyte arbeitenden Wissenschaftler von großem Nutzen, gibt aber auch dem Fachmann wertvolle Anregungen.

Herbert Dautzenberg

Chemiefasern. Handelsnamen — Arten — Hersteller. Ergänzungsband 1971. Von *Kurt Meyer.* Leipzig: Fachbuchverlag 1971. 399 S. Brosch. M 11,80.

Seit dem Erscheinen des ersten Bandes des Faserstoff-Verzeichnisses „Chemiefasern" von *K. Meyer*[1], der einschließlich des Ergänzungsheftes den Zeitraum bis Juni 1967 umfaßte und sich als Nachschlagewerk bewährte, hat sich viel auf dem Gebiet der Chemiefaserstoffe verändert und weiterentwickelt. Nach Aussagen des Verfassers werden jährlich etwa 1000 neue Faser-, Seiden-, Texturfaden- und Mischfadentypen bekannt. Um den Anschluß an den neueren Stand herzustellen, machte sich daher ein zweiter, umfangreicher Ergänzungsband notwendig, der den Zeitraum bis Mitte 1970 umspannt.

In Anbetracht der vorliegenden Stoffülle wurde auf eine Gliederung nach Faserstoffarten verzichtet und lediglich eine alphabetische Ordnung vorgenommen, wobei neben Namen und Faserstoffart einige charakterisierende Merkmale sowie der Hersteller genannt sind. Außer den Faserstofftypen sind wiederum Textur-, Misch- und Spezialfäden in ihrer großen Palette mit erfaßt.

Die bereits im ersten Band vorhandenen einleitenden Bemerkungen zu jeder Faserstoff- und Fadenart mit Angaben über die Gliederung, die Eigenschaften und Einsatzgebiete sind in überarbeiteter Form und um Abschnitte über Kohlenstoff-, Keramik- und Bikomponentfaserstoffe ergänzt im Eingangsteil des Ergänzungsbandes zusammengefaßt. Die in diesem Einleitungsteil mit enthaltenen standardisierten Kurzzeichen für die Faserstoffart und die Herstellungsform wurden allerdings im tabellarischen Verzeichnis nicht genutzt.

Da weitere Ergänzungsteile zwangläufig nötig sind und auch bereits angekündigt wurden, wird sich bald ein vielbändiges Werk ergeben. Um ein gezieltes, rationelles Suchen zu gewährleisten, empfiehlt sich es für die nächsten Ergänzungsbände, jeweils ein alphabetisches Stichwortverzeichnis voranzusetzen, aus dem der Ort der Nennung des gesuchten Chemiefaserstoffs sofort erkennbar wird.

Der Wert des Nachschlagewerkes für alle, die in Lehre, Forschung, Industrie und Handel mit der Fülle von Namen für Chemiefaserstoffe konfrontiert werden, ist unbestritten.

L. Vollrath

[1] Vgl. d. Z. **19** (1968) 8, S. 387.

Flocked Materials. Technology and Applications. Von *E. L. Barden.* Park Ridge: Noyes Data Corp. 1972. VII, 294 S. Kart. $ 36,—.

Das Buch gibt einen umfassenden und ausführlichen Überblick über die US-amerikanische Patentliteratur hinsichtlich Beflockungstechnologie und Anwendung beflockter Materialien im Zeitraum von 1950 bis 1971. Die einzelnen Kapitel behandeln „Elektrostatische Beflockung", „Mechanische Beflockung", „Flockfasertypen", „Flockfaserbehandlung", „Kleber", „Dekorative Effekte", „Anwendung für Bekleidungstextilien", „Anwendung für Heimtextilien", „Anwendung in der Automobilherstellung" und „Verschiedene Anwendungen".

Eine Übersicht über Firmen, Erfinder und Patentnummern beschließt die Abhandlung. Das Buch informiert nicht nur über den gegenwärtigen Stand der Beflockungstechnik und die Anwendung beflockter Stoffe, sondern zeigt weitere Entwicklungsmöglichkeiten auf diesem Gebiet. Es ist somit für den in Forschung und Entwicklung auf diesem Spezialgebiet der Textiltechnik tätigen Fachmann eine wertvolle Informationsquelle.

H. Frenzel

Dynamic Mass Spectroscopy. Vol. 2. Hgg. von *D. Price.* London: Heyden & Son Ltd. 1971. VII, 272 S. Lwd. 16,00 $.

Während im ersten Band dieser Reihe[1]) überwiegend die auf dem zweiten Europäischen Symposium über Flugzeit-Massenspektrometer gehaltenen Vorträge zusammengefaßt wurden, enthält der jetzt vorliegende zweite Band Übersichtsarbeiten über Probleme und Aspekte der dynamischen Massenspektrometrie, die speziell für diese Buchreihe verfaßt wurden. Hinzu kommen einige kurze Arbeiten über Anwendungen und Geräteentwicklungen, die von allgemeinem Interesse sind.

Im ersten Kapitel behandeln *P. H. Dawson* und *N. R. Whetten* die methodischen Grundlagen, Theorie und experimentelle Ausführung der Quadrupolmassenspektrometrie. Die Arbeit gibt einen ausgezeichneten Überblick über die Leistungsfähigkeit und die Entwicklungstendenzen der Methode. *B. E. Knox* beschreibt im zweiten Kapitel die Anwendung der Lasersonde in der Massenspektrometrie. Außer bereits anderweitig beschriebenen Fakten werden neuere Ergebnisse über die Wechselwirkung zwischen der Laserstrahlung und dem Festkörper mitgeteilt. Diese Methodik ist auch für die Untersuchung des thermischen Abbaus von Polymeren interessant. *J. H. Futrell* behandelt im nächsten Kapitel die Ionenzyklotron-Massenspektrometrie. *E. J. Bonelli* u. Mitarb. befassen sich mit der Optimierung der Verbindung von Gaschromatographie, Massenspektrometrie und Computertechnik. Die erfolgreiche Anwendung dieser Kopplung wird anhand von Beispielen illustriert.

In Beiträgen über gerätetechnische Entwicklungen wird über ein kleines Quadrupolmassenspektrometer berichtet, das für die Anwendung der Methode außerhalb der Speziallaboratorien gedacht ist, sowie über eine elektronische Schaltung zur Aufhellung von Massenspektrensignalen auf dem Oszilloskop. In Arbeiten über die Anwendung der Massenspektrometrie werden die Untersuchungen schneller Gasreaktionen, die Ionisierung und Ionenlebensdauer von Schwefeltetrafluorid und Schwefelhexafluorid sowie die Hochtemperaturzersetzung von Ammoniumperchlorat mit dem Kohlendioxidlaser behandelt.

[1]) Vgl. d. Z. **21** (1970) 9, S. 398—399.

Eine wertvolle Ergänzung ist wie beim ersten Band die umfangreiche Bibliographie von *W. K. Joy*. Sie enthält ca. 500 Arbeiten, die nach dem Gerätetyp gegliedert und in diesen Sektionen nach den wichtigsten Anwendungsgebieten geordnet sind.

Ein Sachregister erleichtert die Benutzung des Buches, wenn nach Lösungswegen für bestimmte Probleme gesucht wird. Bei einer Beurteilung der Ausstattung des Bandes sind vor allem die zahlreichen sehr sorgfältig ausgeführten Abbildungen und die übersichtlichen Tabellen hervorzuheben.

Die Buchreihe soll durch weitere Bände der gleichen Art fortgesetzt werden. Sie bietet damit die Möglichkeit, sich stets über den modernsten Stand und über die Entwicklungstendenzen der dynamischen Massenspektrometrie zu orientieren. Bei der Mitarbeit vieler Autoren an dem Gesamtwerk läßt es sich nicht vermeiden, daß die Ausführungen in einigen Kapiteln sich überschneiden und die Qualität der Beiträge unterschiedlich ist. Der Wert des Gesamtwerkes wird dadurch nicht gemindert. *J. Dechant*

Festkörperprobleme. X. Advances in Solid State Physics. Hgg. von *O. Madelung*. Berlin: Akademie-Verlag 1970. 432 S. Lwd. M 16,70.

Der Band enthält Vorträge, die auf der vom 6. bis 11. April in Freudenstadt (BRD) durchgeführten Festkörperphysik-Tagung gehalten wurden. Von den 13 in den Band aufgenommenen Hauptvorträgen betreffen neun die Halbleiterphysik, während vier anderen Festkörperproblemen gewidmet sind.

Der Vortrag über Photoelektronen-Emission (*U. Gerhardt*) diskutiert die Beziehungen zwischen dem Zustand der emittierten Photoelektronen und dem Absorptionsprozeß im Festkörper. Dabei wird die Wichtigkeit des Konzepts der kritischen Linien für die Analyse der Energieverteilung der emittierten Elektronen betont. *D. Fröhlich* berichtet in seinem Vortrag über die 2-Photonenspektroskopie in Festkörpern. Die quantenmechanischen Formeln für 1- und 2-Photonenprozesse werden abgeleitet. Anhand der Auswahlregeln für 2-Photonenübergänge wird gezeigt, welche Informationen über die elektronische Struktur der untersuchten Substanzen man aus solchen Messungen gewinnen kann. Im experimentellen Teil wird der Aufbau eines 2-Photonenspektralphotometers beschrieben, und als Beispiel für 2-Photonenmessungen werden Spektren von Alkalihalogenidkristallen diskutiert.

Eine Theorie der Exzitonenspektren mit Berücksichtigung der Austauschwechselwirkung bringt der Vortrag von *P. Rohner*. Das Energiespektrum des freien Wannier-Exzitons wird quantenmechanisch berechnet. Bei der Berechnung wird ein Austauschterm eingeführt, durch den es möglich wird, den Einfluß der Austauschwechselwirkung auf das Elektron-Loch-System zu behandeln. Experimentelle Exzitonenspektren von GaAs, CU_2O und CdSe werden aufgeführt und diskutiert. Es wird gezeigt, daß der Einfluß der Austauschwechselwirkung auch bei Exzitonen mit großen Radien nicht vernachlässigt werden sollte und insbesondere bei der Herleitung von Stoffparametern aus der Messung von Exzitonenlinien von Bedeutung sein kann. Die Berechnung der Bandstrukturen mit Hilfe des Pseudopotentials wird in dem Vortrag von *R. Sandrock* abgehandelt. Die theoretischen Grundlagen des Pseudopotentials werden dargelegt und einige Modellpotentiale diskutiert. Es wird gezeigt, daß das Pseudopotential ein umfassendes Konzept zur einheitlichen Beschreibung vieler Phänomene ist, bei denen das Verhalten von Valenzelektronen in einem System von Ionen eine Rolle spielt.

H. Raether handelt Probleme der Bestimmung optischer Konstanten von Festkörpern aus Energieverlusten mittelschneller Elektronen ab. Das beschriebene experimentelle Verfahren der Elektronenspektroskopie besteht in der Aufnahme des Energieverlustspektrums der Elektronen nach Transmission einer dünnen Schicht. Aus den Verlustspektren wurden das Reflexionsvermögen und die Dielektrizitätskonstanten von Festkörpern ermittelt. In den Vorträgen von *C. Vérié* und *H. Werheit* werden Halbleiter mit schmaler Bandlücke und die Halbleitereigenschaften des Bors vorgestellt. *Werheit* faßt die Festkörperparameter des β-rhomboedrischen Bors zusammen und interpretiert die aus optischen, photoelektrischen und elektrischen Meßverfahren erhaltenen Energiewerte für die Abstände der Bänder und Niveaus. Ausführlich wird auf die große Haftstellendichte des Bors eingegangen; es konnte nicht entschieden werden, ob die Haftniveaus Bestandteil der elektronischen Struktur des β-rhomboedrischen Bors sind oder durch Gitterstörungen hervorgerufen werden.

Der Artikel von *N. I. Meyer* und *M. H. Jorgensen* befaßt sich in einer ausführlichen Darstellung mit akustoelektrischen Effekten in piezoelektrischen Halbleitern. Es wird eine Zusammenfassung von verschiedenen physikalischen Effekten in piezoelektrischen Halbleitern gegeben, die durch eine starke Kopplung zwischen Leitungselektronen und akustischen Wellen hervorgerufen werden. Diese Effekte treten am stärksten in II-VI-Verbindungen (CdS, ZnO) auf; sie werden aber auch in III-V-Verbindungen, wie GaAS und GaSb, gefunden. Die Autoren diskutierten Probleme der akustischen Verstärkung, Gitterdämpfung, „Trapping" von Ladungsträgern, mehrere nichtlineare Effekte wie Stromsättigung, Strom-Oszillationen und Ausbreitung von Domänen mit hohem elektrischem Feld und akustischer Energie. Methodische Probleme der Modulationsspektroskopie von Halbleitern werden von *M. Cardona* behandelt. Es werden optische Spektren, die durch Modulation eines elektrischen Feldes, einer angelegten Spannung, der Wellenlänge und der Temperatur ermittelt wurden, dargestellt. Die Ergebnisse werden in Zusammenhang mit der Bandstruktur, den Exzitoneneffekten und dem entsprechenden Einfluß der modulierten Störung diskutiert und interpretiert.

Die letzten vier Vorträge des Bandes beschäftigen sich mit dem Laserprozeß als Phasenumwandlung (*H. Haken*), dem Einfluß von Punktdefekten auf Supraleiter (*H. Ullmaier*), Quanten- und Quasiquantenkristallen (*E. Lüscher*) und mit Punktfehlstellen in Metalloxiden (*B. Ilschner*). *E. Lüscher* erläutert experimentelle Untersuchungen an Edelgaskristallen. Es werden experimentelle Ergebnisse über das Ziehen, die Kompressibilität und die thermische Leitfähigkeit von He^3-, He^4- und Argonkristallen mitgeteilt.

In diesem Band werden neben schon länger bekannten Problemen höchst aktuelle Fragen der Festkörperphysik dargestellt. Dazu gehören u. a. die Vorträge über akustoelektrische Effekte, Exzitonentheorie, Quanten- und Quasiquantenkristalle und über 2-Photonenspektroskopie. Die Vorträge liegen in einer gut bearbeiteten Form vor; ihre übersichtliche Darstellung gestattet den Inhalt rationell zu erfassen. Die in dem Buch aufgezeigten Probleme dürften für Wissenschaftler und Techniker, die auf dem Gebiet der Festkörperforschung arbeiten, von größtem Interesse sein.

R. Danz

Patentschau

Auszug aus der Lieferung 1/2/1972 der Patentschau „Faserstoffe und Textiltechnik", Ausgabe A: Faserstoffe einschl. Kunststoffe und organ. Grundsubstanzen, zusammengestellt von der Abteilung Information und Dokumentation des Instituts für Polymerenchemie der DAW, 153 Teltow-Seehof, Kantstr. 55

Die Patentschau ist nach der Internationalen Patentklassifikation (IPC) gegliedert. Es bedeuten: DLP = DDR-Patent; DTP = Deutsches Bundespatent; DTA = (West)Deutsche Auslegeschrift; DTO = (West)Deutsche Offenlegungsschrift; OEP = Oesterreichisches Patent; POP = Polnisches Patent; CHP = Schweizer Patent; FRP = Französisches Patent; GBP = Britisches Patent; JAP = Japanisches Patent; SWP = Schwedisches Patent; SUP = Sowjetisches Patent; CSP = Tschechoslowakisches Patent; USP = Amerikanisches Patent; A = Anmeldedatum, O bzw. B. = Tag der Ausgabe der Patent-, Offenlegungs- bzw. Auslegeschrift.

Sektion C: Chemie und Metallurgie

CHEMIE

C 01. Anorganische Chemie

C 01b 31/00 Kohlenstoff, dessen Verbindungen

FRP 2067619 (B). Verfahren zur Herstellung von Kohlenstoff-Faserstoffen. Erf.: *P. Cournuault, B. Giraudel* u. *F.-M. Lang*. Inh.: Commissariat à l' energie Atomique. A. 12. 11. 69, B. 24. 9. 71. Int. Kl.: C 01b 31/00, C 08 h 13/00. A.-Z.: 6938681.

USP 3595946. Verfahren zur Herstellung von Kohlenstoffäden aus Kohlenteerpech. Erf.: *Louis A. Joo, John A. McKee*, u. *Frederick L. Shea*. Inh.: Great Lakes Carbon Corpl., New York, N.Y. A. 4. 6. 68, B. 27. 7. 71. Kl.: 264–29, Int. Kl.: C 01b 31/07. 5 Anspr. A.-Z.: 734257.

C 03. Glas; Mineral- und Schlackenwolle

C 03b. Herstellung, Formgebung und Nachbehandlungsverfahren

C 03b 37/00 Herstellen oder Behandeln von Flocken, Fasern oder Fäden aus zähflüssigem Glas, zähflüssigen Mineralien oder Schlacken

DTO 1596562. Vorrichtung zur Herstellung von Fasern aus schmelzflüssigem Material, insbesondere zur Glasfaserherstellung. Erf.: *George T. McCoppin*. Anm.: Owens-Corning Fiberglas Corp., Toledo, Ohio (US). A. 2. 6. 66, B. 8. 4. 71. Kl.: 32a, 37/06, Int. Kl.: C 03b 38/06. A.-Z.: P 1596562 (011716).

DTO 2050227. Verfahren zum Ausrichten von Fasern und durch dieses Verfahren erhaltene Faserstreifen. Erf.: *Egbert Broeksema*. Anm.: N. V. Philips' Gloeilampenfabrieken, Eindhoven (NL). A. 13. 10. 70, B. 29. 4. 71. Kl.: 32a, 37/10, 80b, 16/01, Int. Kl.: C 03b 37/10, C 04b 39/00. A.-Z.: P2050227. Prior.: 16. 10. 69 (NL; A.-Z.: 6915717).

C 03c. Chemische Zusammensetzung von Gläsern, Glasuren oder Emails: Oberflächenbehandlung von Glas; Verbinden von Glas mit Glas oder anderen Stoffen

C 03c 25/00. Oberflächenbehandlung von Fasern oder Fäden aus Glas, Mineralien oder Schlacken

USP 3589878. Entglasen des Kerns eines koaxialen Glasfadens (Devitrification of the core of a coaxial glass fiber). Erf.: *Claude Achener*. Inh.: Quartz & Silice S. A., Paris (FR). A. 10. 9. 68, B. 28. 6. 71. Kl.: 65-3, Int. Kl.: C 03c 23/20, C 03b 29/00, 17/00. 4 Anspr. A.-Z.: 758778.

C 07c. Acyclische und carbocyclische Verbindungen

USP 3592848. Verfahren zur Reinigung von Terephthalsäure. Erf.: *George Stewart, Leon, O. Winstrom*, u. *Irwin Frankel*. Inh.: Allied Chemical Corp., New York, N.Y. A. 3. 5. 68, B. 13. 7. 71. Kl.: 260–525, Int. Kl.: C 07c 51/42. 10 Anspr. A.-Z.: 726597 (Zus. z. Pat. m. A.-Z. 407518. A. 29. 10. 64). A.-Z.: 407518 entspr. DTA 1292139, CHP 456567, FRP 1451797.

USP 3590072. Verfahren zur Direktveresterung von Terephthalsäure mit Äthylenglykol. Erf.: *Allen E. Leybourne III*. Inh.: Monsanto Co., St. Louis, Mo. A. 18. 11. 66, B. 29. 6. 71. Kl.: 260–475, Int. Kl.: C 07c 69/82. 10 Anspr. A.-Z.: 595480. Entspr. CHP 479649, FRP 1545012. GBP 1210535.

C 07d. Heterocyclische Verbindungen

DTO 1695859. Verfahren zu der Herstellung eines optisch aktiven alpha-Aminolactams aus einem Gemisch der D- und L-Form des alpha-Aminolactams. Erf.: *Albertus Hubertus Pecasse*, u. *Johannes Engelbertus Nelemans*. Anm.: Stamicarbon N. V., Heerlen (NL). A. 30. 3. 67. B. 6. 5. 71. Kl.: 12p, 5, Int. Kl.: C 07d. A.-Z.: P 1695859. Prior.: 31. 3. 66 (NL; A.-Z.: 6604321). Entspr. FRP 1515761.

DTO 1695860. Die Herstellung von epsilon-, epsilon-bis(epsilon-Caprolactam) und die Herstellung von Polyamid aus diesem Stoff. Erf.: *Antonie Veermans*, u. *Robert Jacobus de Kock*. Anm.: Stamicarbon N. V., Heerlen (NL). A. 3. 5. 67, B. 6. 5. 71. Kl.: 12p, 5, Int. Kl.: C 07d. A.-Z.: P 1695860. Prior.: 5. 5. 66 (NL; A.-Z.: 6606079). Entspr. CHP 485727, FRP 1521938 u. GBP 1151556.

DTO 1695861. Verfahren zum Reinigen von alpha-Aminolactamen. Erf.: *Albertus Hubertus Pecasse*, u. *Johannes Engelbertus Nelemans*. Anm.: Stamicarbon N. V., Heerlen (NL). A. 5. 5. 67, B. 6. 5. 71. Kl.: 12p, 5, Int. Kl.: C 07d. A.-Z.: P 1695861. Prior.: 7. 5. 66 (NL; A.-Z.: 6606261). Entspr. CHP 494227 u. USP 3536700.

DTO 1695862. Verfahren zu der Herstellung von Lactamen. Erf.: *Johan Willem Garritsen*. Anm.: Stamicarbon N. V., Heerlen (NL). A. 24. 5. 67, B. 6. 5. 71. Kl.: 12p, 5, Int. Kl.: C 07d. A.-Z.: P 1695862. Prior.: 28. 5. 66 (NL; A.-Z.: 6607466). Entspr. CHP 477446, u. FRP 1254636.

DTO 1695870. Die Herstellung von Lactamen aus Cycloalkanen. Erf.: *Johan Willem Garritsen*, u. *Johannes Hubertus Aloysius Hofman*. Anm.: Stamicarbon N. V., Heerlen (NL). A. 15. 12. 67, B. 6. 5. 71. Kl.: 12p, 5, Int. Kl.: C 07d. A.-Z.: P 1695870. Prior.: 16. 12. 66 (NL; A.-Z.: 6617754). Entspr. CHP 484910 u. FRP 1559702.

DTO 1695883. Verfahren zur Herstellung von Lactamen. Erf.: *Hiroyuki Hiraoka, Shizuo Nagahama, Keizo Shimada, Masao Senoo, Takehiko Okamoto* u. *Moriya Uchida*. Anm.: Teijin Ltd., Osaka (JA). A. 18. 2. 67, B. 6. 5. 71. Kl.: 12p, 5, Int. Kl.: C 07d. A.-Z.: P 1695883. Prior.: 19. 2. 66, 28. 6. 66 (JA; A.-Z.: 9928, 42287, A.-Z.: 9928, JAP 7037022. Entspr. CHP 504440, FRP 1511994 u. USP 3527754.

CSP 142736. Verfahren zur Herstellung von α-Amino-ω-lactamen. Erf.: *Winfried Johannes Woutherus Vermijs* u. *Johan Pierre von den Hoff*. A. 12. 8. 66, B. 31. 3. 71. Kl.: 12p, 5, Int. Kl.: C 07d 41/06. A.-Z.: 5326/66. Prior.: 13. 8. 65 (NL; A.-Z.: 6510583). Entspr. CHP 471790 u. USP 3437656.

C 08. Makromolekulare Verbindungen; ihre Herstellung und chemische Verarbeitung; auf diesen Verbindungen beruhende Gemische

C 08b. Polysaccharide und deren Derivate

USP 3600379. Verfahren zur Herstellung von Viskose. Erf. u. Inh.: *Hannes Sihtola* Fiilimaki 30, A u. *Boris Nizovsky*, Gyldenintie 14A, Helsinki (FI). A. 16. 5. 69, B. 17. 8. 71. Kl.: 260–217. Int. Kl.: C 08b 9/00. 6 Anspr. A.-Z.: 825390. Prior.: 24. 5. 68, 17. 7. 68 (FI; A.-Z.: 1466/68, 2036/68). Entspr. OEP 293438 u. FRP 2009286.

C 08f. Polymerisationsprodukte

DLP 83023. Verfahren zur Polymerisation von Olefinen. Erf.: *Paoli Galli, Ermanno Susa* u. *Giovanni Di Drusco*. Inh.: Montecatini Edison S.p.A. (IT). A. 8. 1. 70, B. 5. 7. 71. Kl.: 39b 4, 1/28, Int. Kl.: C 08f. A.-Z.: AP 39b 4/144849. Prior.: 10. 1. 69 (IT; A.-Z.: 11360 A/69). Entspr. FRP 2028106.

DTO 1953348. Verfahren zur Herstellung von modifizierten anionischen Emulsionspolymerisaten. Erf.: *Hans Ludwig Honig, Wolfgang Keberle, Dieter Dietrich* u. *Gerhard Balle*. Anm.: Farbenfabriken Bayer AG, 5090 Leverkusen (DT). A. 23. 10. 69, B. 6. 5. 71. Kl.: 39b4, 1/13, Int. Kl.: C 08f 1/13. A.-Z.: P 1953348.

DTO 1953399. Verfahren zur Polymerisation von Olefinen. Erf.: *Hans Werner Groß*. Anm.: Metallgesellschaft AG, 6000 Frankfurt (DT). A. 23. 10. 69, B. 6. 5. 71. Kl.: 39b4, 1/42, Int. Kl.: C 08f 1/42. A.-Z.: P 1952399. Entspr. FRP 2066394.

DTO 2036205. Verfahren zum Regeln der Temperatur und der Umsetzung in einem Polymerisationsreaktor und Vorrichtung zur Durchführung des Verfahrens. Erf.: *Roberto Carli* u. *Silvano Gordini*. Anm.: Snam Progetti S.p.A., Mailand (IT). A. 21. 7. 70, B. 29. 4. 71. Kl.: 39b4, 1/98, Int. Kl.: C 08f 1/98. A.-Z.: P 2036205. Prior.: 21. 7. 69 (IT; A.-Z.: 19900 A/69). Entspr. FRP 2055172.

DTA 1795272. Verfahren zur Homo- und Mischpolymerisation von Olefinen. Erf.: *Bernd Diedrich*. Anm.: Farbwerke Hoechst AG vorm. Meister Lucius & Brüning, 6000 Frankfurt. A. 31. 8. 68, B. 28. 10. 71. Kl.: 39b4, 3/02, Int. Kl.: C 08f 3/02. A.-Z.: P 1795272. Entspr. OEP 291561, CHP 514631. u. FrP 2019395.

FRP 2070922 (A). Neues Verfahren zur Herstellung von in ihren Monomerkompositionen unlöslichen Polymeren und Copolymeren. Erf.: *J. Chatelain*, u. *S. Soussan*. Inh.: Produits Chimiques Pechiney-Saint-Gobain. A. 30. 10. 69, B. 22. 10. 71. Int. Kl.: C 08f 1/00, 3/00. A.-Z.: 6937327. Entspr. DTO 2002380.

DTO 2049563. Verfahren zur Vinylchloridpolymerisation in einem Wirbelschichtreaktor. Erf.: *Gianfranco Pregaglia, Mario Regazzini, Francesco Visani* u. *Luigi Ciligot*. Anm.: Montecatini Edison S.p.A., Mailand (IT). A. 9. 10. 70, B. 22. 4. 71. Kl.: 39b4, 3/30, Int. Kl.: C 08f 3/30. A.-Z.: P 2049563. Prior.: 9. 10. 69 (IT; A.-Z.: 23127 A/69). Entspr. FRP 2064223.

SUP 307083 (Urheberschein). Verfahren zur Herstellung von Polyolefinen. Erf.: *E. V. Kuznecov, D. V. Ivanjukov, G. S. Bikusev, N. P. Sof'ina, F. I. Jakobson, V. V., Amerik P. V. Krymov* u. *V. F. Petrova*. Anm.: Kazanskij chimiko-technologičeskij Institut Im. S. M. Kirova. A. 6. 7. 70. B. 21. 6. 71. Int. Kl.: C 08f 3/02. 1/28. A.-Z.: 1448263/23-5.

CSP 142697. Verfahren zur kationischen Polymerisation von Isobutylen oder Isobutylen enthaltenen Monomergemischen. Erf.: *Miroslav Chmelíř, Miroslav Marek* u. *Petr Lopour*. A. 14. 6. 68, B. 19. 3. 71. Kl.: 39 c, 25/01 Int. Kl.: C 08f 3/14. A.-Z.: 1349/69.

CSP 142698. Verfahren zur Herstellung von Katalysatoren auf der Basis von Aluminiumchlorid zur kationischen Polymerisation von Isobutylen oder Isobutylen enthaltenden Monomergemischen. Erf.: *Miroslav Chmelíř, Miroslav Marek* u. *Petr Lepour*. A. 14. 6. 68, B. 19. 3. 71. Kl.: 39 c 25/01, Int. Kl.: C 08f 3/14. A.-Z.: 1350/69.

USP 3595843. Vanadium-Koordinationskatalysatoren (Erf.: *James R. Huerta, Amos R. Anderson*, u. *Jeffrey G. Meyer*. Inh. Dart Industries Inc., Los Angeles, Calif. A. 31. 7. 69, B. 27. 7. 71. Kl.: 260-80, 78, Int. Kl.: C 08f 3/04, 15/04, 15/40. 21 Anspr. A.-Z.: 846606. Entspr. FRP 2053344.

UPS 3600467. Verfahren und Katalysatoren, die sich auf teilweise ungesättigten makromolekularen Verbindungen als Trägermaterial befinden, zur Polymerisation und Copolymerisation von Olefinen und die erhaltenen Polymeren und Copolymeren. Erf.: *Andre Delbouille* u. *Jean-Louis Derroitte*. Inh.: Solvay & Cie., Brüssel (BE). A. 21. 2. 67, B. 17. 8. 71. Kl.: 260-80, 78, Int. Kl.: C 08f 3/02, 15/04. 14 Anspr. A.-Z.: 617598. Prior.: 23. 2. 66, 23. 5. 66 (BE; A.-Z.: 24410, 28431, 681400). A.-Z.: 24410 u. 28431 entspr. DTO 1745372, FRP 1518052 u. GBP 1119633.

DTO 1948005. Verfahren zum Herstellen von Homo- oder Copolymerisaten des Äthylens. Erf.: *Helmut Pfannmüller, Friedrich Urban, Hans Gropper* u. *Volker Gierth*. Anm.: Badische Anilin- & Soda-Fabrik AG, 6700 Ludwigshafen (DT). A. 23. 9. 69, B. 8. 4. 71. Kl.: 39b4, 15/02, Int. Kl.: C 08f 15/02. A.-Z.: P 1948005. Entspr. FRP 2062959.

DTA 1520755. Verfahren zum Mischpolymerisieren von halogenierten Olefinkohlenwasserstoffen, die mindestens ein Flouratom enthalten, mit Äthylen und/oder alpha-Olefinen. Erf.: *Mario Ragazzini* u. *Donato Carcano*. Anm.: Societa Edison, Mailand (IT). A. 5. 3. 62, B. 23. 9. 71. Kl.: 39b4, 15/02, Int. Kl.: C 08f 15/02. A.-Z.: P 1520755. Prior.: 10. 3. 61 (IT; A.-Z.: 4527-61). Vgl. auch DTO 1520755. Entspr. GBP 949422, SWP 318716, USP 3371076 u. USP 3501446.

USP 3590023. Olefincopolymere und Verfahren zur Herstellung derselben. Erf.: *Alberto Valvassori* u. *Nazzareno Cameli*. Inh.: The B. F. Goodrich Co., Akron, Ohio. A. 29. 11. 67, B. 29. 6. 71. Kl:. 260-79,5. Int. Kl.: C 08f 15/40. 17 Anspr. A.-Z.: 686760. Prior.: 30. 11. 66 (IT; A.-Z.: 30558/66). Entspr. FRP 1561149.

USP 3591567. Verfahren zur Herstellung eines im Inneren weichgemachten Copolymeren aus Vinylchlorid und einem höheren Alkylester der Crotonsäure. Erf. u. Inh.: *Yuzo Chihara*, Yokohama; *Waka Chihara*, 21, 11 *Hakodate-shi Matsukagecho*, Hokkaido u. *Ryoji Takahashi*, 21 Otsutomacho, Yokohama (JA). A. 5. 9. 69, B. 6. 7. 71. Kl.: 260-86,3, Int. Kl.: C 08f 15/26. 10 Anspr. A.-Z.: 870591 (Zus. z. Pat. m. A.-Z.: 561722. A. 30. 6. 66). Prior.: 10. 7. 65 (JA; A.-Z.: 40/41357). Entspr. DTO 1595428, FRP 1486251 u. GBP 1097808.

DTO 1952073. Verfahren zum Vernetzen von Polyolefinen und Olefincopolymerisaten. Erf.: *Rudolf Wiedemann* u. *Helmut Markert*. Anm.: Siemens AG, 1000 Berlin u. 8000 München. A. 16. 10. 69, B. 22. 4. 71. Kl.: 39b4, 27/00, Int. Kl.: C 08f 27/00. A.-Z.: P 1952073. Entspr. FRP 2066029.

DTO 1694616. Verfahren zum Konzentrieren wäßriger Emulsionen fluorierter Polymerisate. Erf.: *Mario Ragazzini, Alberto Caimi, Donato Carcano* u. *Giovanni Groppelli*. Anm.: Montecatini Edison S.p.A., Mailand (IT). A. 2. 5. 67, B. 6. 5. 71. Kl.: 39b4, 29/16, Int. Kl.: C 08f 29/16. A.-Z.: P 1694616. Prior.: 4. 5. 66 (IT; A.-Z.: 10134/66). Enspr. CHP 487940 u. FRP 1521275.

DTO 1694961. Verfahren zur Herstellung von Polyvinylhalogenid enthaltenden Polymermischungen. Erf.: *Jan Willem Hendrik Zijp* u. *Wilhelmus Johannes Mathias Maria Dullens*. Anm : Stamicarbon N. V., Heerlen (NL). A. 24. 3. 66, B. 6. 5. 71. Kl.: 39b4, 29/24, Int. Kl.: C 08f 29/24 A.-Z.: P 1694961. Prior.: 24. 3. 65 (NL; A.-Z.: 6503709). Entspr. FRP 1472541 u. USP 3426106.

CHP 514636. Komposition auf Basis von Vinylchloridpolymeren und ihre Anwendung bei der Herstellung entsprechender Produkte. Erf.: *Jean Francois Bequet, Roger van Asbroeck* u. *Paul Dubois*. Inh.: Solvay & Cie, Soc. An., rue du Prince Albert 33, Brüssel (BE). A. 23. 11. 70, Int. Kl.: C 08f 29/24. A.-Z.: 17291/70. Prior.: 31. 12. 69 (BE; A.-Z.: 83423).

CSP 142995. Zur Verformung geeignetes Polymerengemisch mit erhöhter Affinität für Farbstoffe. Erf.: *Piero Giustiniani, Giulio Natt, Giorgio Mazzanti* u. *Giovanni Crespi*. A. 1. 8. 60, B. 30. 4. 71. Kl.: 39c, 25/01, 29b, 3/60, Int. Kl.: C 08f 29/02. A.-Z.: 4846/70. Prior.: 3. 8. 59 (IT; A.-Z.: 13047/59). Entspr. CHP 398972, CHP 419599 u. SWP 208406.

USP 3590101. Verfahren zur Rückgewinnung von Suspensionspolymeren. Erf.: *Robert B. McTaggart* u. *Tevis Shusman*. Inh.: Monsanto Co., St. Louis, Mo. A. 18. 1. 67, B. 29. 6. 71. Kl.: 260-876R, Int. Kl.: C 08f 41/12 9 Anspr. A.-Z.: 610032. Entspr FRP 1566269.

SUP 307086 (Urheberschein). Verfahren zum Stabilisieren von Polyolefinen. Erf.: *V. U. Novikov, A. N. Elagina* u. *V. S. Ivuškina*. A. 27. 4. 70, B. 21. 6. 71. Int. Kl.: C 08f 45/58. A.-Z.: 1428255/23 – 4.

SUP 307088 (Urheberschein). Polymermischung auf der Basis von Polyvinylchlorid und eines stabilisierenden Gemisches. Erf.: *E. N. Zil'berman, A. E. Kulikova, Z. A. Zotova, A. P. Nikiforova, N. B. Il'čenko, Ju. I. Muškin, A. I. Finkel'štejn, V. I. Zagraničnyj* u. *V. P. Moleva*. A. 22. 9. 69, B. 21. 6. 71. Int. Kl.: C 08f 45/62. A.-Z.: 1366999/23 – 5.

USP 3600355 (ausgesch. aus USP 3518193. A. 6. 3. 68. A.-Z.: 710782. Zus. z. Pat. 3382208. A. 15. 5. 64. A.-Z.: 367854; Pat. 3445422. A. 22. 6. 66. A.-Z.: 559410; u. Pat. 3301888. A. 12. 5. 64. A.-Z.: 366921). Mit Vorester/Benzotriazol-Mischungen stabilisierte ABS- und Kohlenwasserstoffpolymere. Erf.: *Henryk A. Cyba*. Inh.: Universal Öil Products Co., Des Plaines, Ill. A. 4. 12. 69, B. 17. 8. 71. Kl.: 260-45,8N, Int. Kl.: C 08f 45/60. 18 Anspr. A.-Z.: 882290. A.-Z.: 366921 entspr. DTO 1569503, FRP 1444048 u. GBP 1100809. A.-Z.: 367854 entspr. FRP 1450536 u. GBP 1100000.

C 08g. Polykondensations- und Polyadditionsprodukte

DTA 1720509. Verfahren zum thermischen Stabilisieren von Oxymethylencopolymerisaten. Erf.: *Dieter Gerlach, Erich Bäder* u. *Wolfgang Sibenhorn*. Anm.: Deutsche Gold- und Silber-Scheideanstalt vorm. Roessler, 6000 Frankfurt. A. 19. 10. 67, B. 21. 10. 71. Kl.: 39b5, 1/28, Int. Kl.: C 08g 1/28. A.-Z.: P 1720509. Entspr. DLP 75772, OEP 288699, CHP 503059, FRP 1579896 u. GBP 1188069.

USP 3597396. Stabilisierung von Polyoxymethylenen. Erf.: *Jacob Ackermann, Pierino Radici* u. *Giorgio Anessi*. Inh.: Società Italiana Resines S.p.A., Mailand (IT). A. 25. 7. 68, B. 3. 8. 71. Kl.: 260-67, Int. Kl.: C 08g 1/14. 7 Anspr. A.-Z.: 747732. Prior.: 1. 8. 67 (IT; A.-Z.: 19064/67). Entspr. FRP 1575289.

GBP 1242690. Herstellung aromatischer Polyester mit verbesserter Färbung. Inh.: Imperial Chemical Industries Ltd. A 3. 12. 68, B. 11. 8. 71. Kl.: C3.R, Int. Kl.: C 08g 17/015. A.-Z.: 57271/68. Entspr. DTO 1960732 u. FRP 2027569.

DTO 2045126. Verfahren zur Herstellung von Polyestern. Erf.: *Clyde E. Gleim* u. *Maneung Hahn*. Anm.: The Goodyear Tire & Rubber Co., Akron, Ohio (US). A. 11. 9. 70, B. 22. 4. 71. Kl.: 39b5, 17/00. Int. Kl.: C 08g 17/00. A.-Z.: P 2045126. Prior.: 2. 10. 69 (US; A.-Z.: 863313). Entspr. FRP 2064100.

USP 3600357. Optisch aufgehellte Polyester mit von der 2,5-Dimethoxyzimtsäure abgeleiteten Segmenten. Erf.: *Mary J. Stewart* u. *John A. Price*. Inh.: Stewart, Philadelphia, Pa. A. 18. 4. 69, B. 17. 8. 71. Kl.: 260-47, Int. Kl.: C 08g 17/08, 17/14. 3 Anspr. A.-Z.: 817552. Entspr. FRP 2039256 u. GBP 1247315.

OEP 295854 (Zus. z. Pat. 287304). Verfahren zur Herstellung von Esterimidharzen. Inh.: Dr. Beck & Co. AG, Hamburg (DT). A. 11. 10. 63, B. 15. 5. 71. Kl.: 39b, 21. A.-Z.: 8189/63. Entspr. DTO 1495200 u. FRP 1533169.

CHP 514642. Verfahren zur anionischen Polymerisation von Lactamen. Erf.: *Johan Willem Garritsen Sebastiaan Elisabeth Maria Kooijman, Johannes Henricus Catharina Marie Grégoire* u. *Henny Verbrugge*. Inh.: Stamicarbon N. V., Van der Maesenstraat 2, Heerlen (NL). A. 17. 3. 69. Int. Kl.: C 08g 20/10. A.-Z.: 3986/69. Prior.: 21. 3. 68, 4. 12. 68 (NL; A.-Z.: 6804056, 6817424). A.-Z.: 6817424 entspr. OEP 291576. Entspr. DTO 1914006 u. FRP 2004434.

USP 3591565. Polyamide mit Alkalimetallhalogenid enthaltenden Additiven als porenbildende Inhibitoren Erf.: *John Edward Hansen*. Inh.: E. I. du Pont de Nemours & Co., Wilmington, Del. A. 15. 8. 69, B. 6. 7. 71. Kl.: 260-78, Int. Kl.: C 08g 20/00, D 02g 3/00. 1 Anspr. A.-Z.: 850665 (Zus. z. Pat. m. A.-Z.: 673287. A. 6. 10. 67). A.-Z.: 673287 entspr. CHP 509421, FRP 1564692 u. GBP 1217887.

USP 3600350. Poly(p-benzamid)-Komposition, Verfahren und Produkt. Erf.: *Stephanie Louise Kwolek*. Inh.: E. I. du Pont de Nemours & Co., Wilmington, Del. A. 20. 4. 70, B. 17. 8. 71. Kl.: 260-32,6, Int. Kl.: C 08g 20/00, 51/44. 21 Anspr. A.-Z.: 30090 (Zus. z. Pat. m. A.-Z.: 644851. A. 9. 6. 67; u. Pat. m. A.-Z.: 556934. A. 13. 6. 66). A.-Z.: 556934 entspr. DTO 1745254, CHP 488759, FRP 1526745, GBP 1198081, GBP 1198082 u. GBP 1198083.

DTO 1949011. Verfahren zur Herstellung aromatischer Poly-N-alkylurethane. Erf.: *Kurt Weirauch, Günther Lenz, Heinrich Krimm* u. *Hermann Schnell*. Anm.: Farbenfabriken Bayer AG, 5090 Leverkusen (DT). A. 27. 9. 69, B. 1. 4. 71. Kl.: 39b5, 22/04, Int. Kl.: C 08g 22/04. A.-Z.: P 1949011. Entspr. FRP 2062694.

USP 3592787. Urethanelastomere. Erf.: *Janis Robins*. Inh.: Minnesota Mining and Manufacturing Co., St. Paul, Minn. A. 28. 3. 69, B. 13. 7. 71. Kl.: 260-18, Int. Kl.: C 08g 22/40. 2 Anspr. A.-Z.: 811593 (Zus. z. Pat. m. A.-Z.: 41153. A. 6. 7. 60; Pat. m. A.-Z.: 199644. A. 4. 6. 62; u. Pat. m. A.-Z.: 537015. A 24. 3. 66). A.-Z.: 199544 entspr. GBP 1053383.

USP 3600358. Aus 4.4'-Methylen-bis-(cyclohexylisocyanat), Neopentyladipat und einem aromatischen Diamin hergestellte Polyurethan/Harnstoff-Elastomere. Erf.: *Bernard Taub*. Inh.: Allied Chemical Corp., New York, N. Y. A. 28. 1. 69, B. 17. 8. 71. Kl.: 260-75NH, Int. Kl.: C 08g 22/10. 10 Anspr. A.-Z.: 794770. Entspr. DTO 2003464.

DTO 1950908. Verfahren zur Herstellung von Polyacyloxalamidrazonen. Erf.: *Michael Wallrabenstein, Albert Schöpf* u. *Frank Dieter Hering*. Anm.: Glanzstoff AG, 5600 Wuppertal (DT). A. 9. 10. 69, B. 29. 4. 71. Kl.: 39b5, 33/02, Int. Kl.: C 08g 33/02. A.-Z.: P 1950908 (Zus. z. Anm. m. A.-Z.: P 1595774). A.-Z.: P 1595774 vgl. auch DTO 1595774 u. DTO 1950907. Entspr. FRP 2065288.

DTO 1694206. Thermoplastische Formmassen aus Polyacetylen. Erf.: *Karlheinz Burg, Klemens Gutweiler* u. *Harald Cherdron*. Anm.: Farbwerke Hoechst AG vorm. Meister Lucius & Brüning, 6000 Frankfurt (DT). A. 13. 10. 67, B. 8. 4. 71. Kl.: 39b5, 37/02, Int. Kl.: C 08g 37/02. A.-Z.: P 1694206. Entspr. GBP 1236774.

DTO 1694201. Polyesterformmassen auf Basis von Poly(1,4-Dimethylolcyclohexanterephthalat). Erf.: *Ludwig Brinkmann, Helmut Fröhlich* u. *Walter Herwig*. Anm.: Farbwerke Hoechst AG vorm. Meister Lucius & Brüning, 6000 Frankfurt (DT). A. 10. 10. 67, B. 8. 4. 71. Kl.: 39b5, 39/02. A.-Z.: P 1694201. Entspr. CHP 514645 u. FRP 1584926.

DTO 1694218. Thermoplastische Formmassen. Erf.: *Ludwig Brinkmann*. Anm.: Farbwerke Hoechst AG vorm. Meister Lucius & Brüning, 6000 Frankfurt (DT). A. 9. 11. 67, B. 8. 4. 71. Kl.: 39b5, 39/02, Int. Kl.: C 08g 39/02. A.-Z.: P 1694218. Entspr. GBP 1228493.

USP 3595824. Polyesterweichmacher für Ployvinylchloridgewebe. Erf.: *Robert D. Aylesworth, Philip A. Froehlich, Thomas B. Hilton* u. *Herbert G. Rodenberg*. Inh.: Emery Industries Inc., Cincinnati, Ohio. A. 1.1 8. 69, B. 27. 7. 71. Kl.: 260-31,6, Int. Kl.: C 08g 39/10, 51/38. 4 Anspr. A.-Z.: 870701 (ausgesch. aus USP 3501554. A. 12. 9. 66, B. 17. 3. 70. A.-Z.: 578483). A.-Z.: 578483 entspr. CHP 488757, u. FRP 1536721.

DTO 2053900. Stabile anionische Polymerisatlatices und Verfahren zu ihrer Herstellung. Erf.: *Robert Charles Carlson*. Anm.: Minnesota Mining & Manufact. Co., Saint Paul, Minn. (US). A. 23. 10. 70, B. 29. 4. 71. Kl.: 39b5, 41/00, Int. Kl.: C 08g 41/00. A.-Z.: P 2053900. Prior.: 24. 10.69 (US; A.-Z.: 869337). Entspr. FRP 2066499.

FRP 2070524 (B). Thermoplastische Kompositionen mit guter Anfärbbarkeit. Inh.: Société Rhodiaceta. A. 8. 12. 69, B. 15. 10. 71. Int. Kl.: C 08g 41/00, 51/00. A.-Z.: 6942364.

USP 3597497. Polyäthylenoxid als Antischaummittel für Polyamide, Polyester, Polyesteramide, Polycarbonate und Polyharnstoffe. Erf.: *Koji Ohno* u. *Koichi Kawamura*. Inh.: Kurashiki Rayon Co. Ltd., Kurashiki (JA). A. 2. 9. 66, B. 3. 8. 71. Kl.: 260-857, Int. Kl.: C 08g 41/04, 49/04. 3 Anspr. A.-Z.: 576855. Prior.: 7. 9. 65 (JA; A.-Z.: 40/54801). Entspr. DTO 1620957, FRP 1491864 u. GBP 1167136.

USP 3597387. Stabilisierte Oxymethylenpolymere. Erf.: *Leon Starr* u. *David Jon Runyon*. Inh.: Celanese Corp., New York, N.Y. A. 15. 9. 69, B. 3. 8. 71. Kl.: 260-37AL, Int. Kl.: C 08g 51/08, 51/60. 12 Anspr. A.-Z.: 858146. Entspr. DTO 2044213 u. FRP 2061369.

Sektion D. Textilien und Papier

TEXTILIEN

D 01. Natürliche und künstliche Fäden und Fasern; Spinnen

D 01b. Mechanische Behandlung von natürlichen faserigen oder fadenförmigen Stoffen zur Gewinnung von Fasern oder Fäden, z. B. zum Verspinnen

SUP 311988 (Urheberschein). Vorrichtung zum Sortieren von Wolle. Erf.: *G. S. Zelencov, V. I. Rebrikov, A. S. Minkin, V. V. Chval'kovskij* u. *Ju. I. Chodos*. Anm.: Central'noe konstruktorskoe Bjuro „Proektmašdetal'“. A. 17. 9. 69, B. 19. 8. 71. Int. Kl.: D 01b 3/10, B 65g 47/38. A.-Z. 1363276/28 – 12.

D 01c. Chemische Behandlung von natürlichen fadenförmigen oder faserigen Stoffen zur Gewinnung von Fäden oder Fasern zum Verspinnen; Karbonisieren von Lumpen zur Rückgewinnung tierischer Fasern

DTO 1669573. Verfahren zum Behandeln von Bädern zum Ausschwemmen von Wolle. Erf.: *Edward Watson Clark* u. *Geoffrey Kitchen*. Anm.: Woolcombers Ltd., Bradford, York (GB). A. 3. 5. 66, B. 6. 5. 71. Kl.: 29b, 1/01, Int. Kl.: D 01 c. A.-Z.: P 1669573 (W 41474).

D 01d. Mechanische Verfahren und Vorrichtungen für die Herstellung von künstlichen Fäden, Gespinsten, Fasern, Borsten oder Bändern

DTO 2050493. Vorrichtung zum Falschzwirnen synthetischer Garne. Erf.: *Leendert van Assendelft, Bertus Elst Leibbrand, Johan Jacques Mertens, Harm Albert Ploeger* u. *Robert Sluijters*. Anm.: Akzo N. V., Arnhem (NL). A. 14. 10. 70, B. 22. 4. 71. Kl.: 29a, 6/20, Int. Kl.: D 01d 1/20. A.-Z.: P 2050493. Prior.: 14. 10. 69 (NL; A.-Z.: 6915479, 6915480. 6915481, 6915482). Entspr. FRP 2065933.

DTO 1660169. Spinndüse und Verfahren zur Herstellung eines Spinnkanals einer Spinndüse. Erf.: *Hermanus Plomp*. Anm.: Algemene Kunstzijde Unie N. V., Arnheim (NL). A. 9. 12. 66, B. 15. 4. 71. Kl.: 29a, 6/10, Int. Kl.: D 01d. A.-Z.: P 1660169 (A 54319). Prior.: 10. 12. 65 (NL; A.-Z.: 6516064). Entspr. FRP 1503306, GBP 1166830 u. USP 3439381.

DTO 2010503. Vorrichtung zum Herstellen von Verbundfasern. Erf.: *Enzo Fermi* u. *Francesco Sassanelli*. Anm.: Snam Progetti S.p.A., Mailand (IT). A. 5. 3. 70, B. 6. 5. 71. Kl.: 29a, 6/10, 6/20, Int. Kl.: D 01d 3/00, D 02g 1/00. A.-Z.: P 2010503. Prior.: 11. 3. 69 (IT; A.-Z.: 13914 A/69). Entspr. FRP 2037635.

DTO 1660158. Verfahren und Vorrichtung zur Herstellung von Vinylfasern, die zur Weiterverarbeitung auf Hochbauschgarne geeignet sind. Erf.: *Francesco Denti* u. *Ezio Polacco*. Anm.: Chatillon Soc. An. Italiana per le Fibre Tessili Artificiali S.p.A., Mailand (IT). A. 3. 8. 66, B. 15. 4. 71. Kl.: 29a, 6/31, Int. Kl.: D 01d. A.-Z.: P 1660158 (A 53172). Prior.: 10. 8. 65 (IT; A.-Z.: 7950).

DTO 1660221. Herstellung von griffigen Bändchen aus synthetischen Materialien. Erf.: *Heinz Schippers*. Anm.: Barmag Barmer Maschinenfabrik AG, 5600 Wuppertal (DT). A. 14. 5. 66, B. 6. 5. 71. Kl.: 29a, 6/06, Int. Kl.: D 01d. A.-Z.: P 1660221 (B 87142).

DTO 1660223. Verfahren zur Herstellung endloser fadenartiger Gebilde aus thermoplastischen Kunststoffen. Erf.: *Rolf Hessenbruch*. Anm.: Barmag Barmer Maschinenfabrik AG, 5600 Wuppertal (DT). A. 23. 7. 66, B. 29. 4. 71. Kl.: 29a, 6/06, Int. Kl.: D 01d. A.-Z.: P 1660223 (B 88153). Entspr. DLP 66250, FRP 1532042, GBP 1161568 u. USP 3444683.

DTO 1660230. Verfahren zur Herstcellung endloser multifiler Fäden. Erf. *Heinz Schippers* u. *Rolf Hessenbruch*. Anm.: Barmag Barmer Maschinenfabrik AG, 5600 Wuppertal (DT). A. 1. 4. 67, B. 29. 4. 71. Kl.: 29a, 6/06, Int. Kl.: D 01d. A.-Z.: P 1660230 (B 91793). Entspr. DLP 63847, CHP 482034, FRP 1550191 u. GBP 1176357.

DTO 1660301. Verfahren zur Herstellung von gekräuselten bifilaren Verbundfäden aus Polyamiden. Erf.: *Harry Kubitzek, Karl-August Essig, Bela von Falkai, Alfred Reichle* u. *Ferdinand Bodesheim*. Anm.: Farbenfabriken Bayer AG, 5090 Leverkusen (DT). A. 28. 1. 66, B. 6. 5. 71. Kl.: 29a, 6/20, Int. Kl.: D 01d. A.-Z.: P 1660301 (F 48283). Entspr. FRP 1509576 u. GBP 1157744.

DTO 1660539. Verfahren zur Erzeugung von zusammengesetzten Fäden und Garnen aus synthetischen Kunststoffen und nach dem Verfahren erhaltene Fäden und Garne. Erf.: *Luigi Ciceri, Domenico Nicita* u. *Paolo Parmeggiani*. Anm.: Snia Viscose Societa Nazionale Industria Applicazioni Viscosa S.p.A., Mailand (IT); u. Kanegafuchi Boseki K. K., Tokio (JA). A. 10. 8. 66, B. 22. 4. 71. Kl.: 29a, 6/20, Int. Kl.: D 01d. A.-Z.: P 1660539 (S 105292). Prior.: 10. 8. 65 (IT; A.-Z.: 7981). Entspr. OEP 290711.

DTO 1660674. Verfahren zur Verbesserung der Fadenreinheit und -gleichmäßigkeit beim Schmelzspinnen. Erf.: *Helmut Werner* u. *Hans Stapp*. Anm.: Glanzstoff AG, 5600 Wuppertal (DT). A. 9. 4. 66, B. 29. 4. 71. Kl.: 29a, 6/31, Int. Kl.: D 01d. A.-Z.: P 1660674 (V 30824). Entspr. DLP 63115, CHP 447468, FRP 1524422 u. GBP 1139397.

DTO 1946863. Verfahren und Vorrichtung zum Erhitzen von Walzen bei der Wärmebehandlung von Textilmaterial. Erf.: *Tatsuo Nakahara* u. *Yoshiaki Ando*. Anm.: Toyo Boseki Kabushiki Kaisha, Osaka (JA). A. 16. 9. 69, B. 6. 5. 71. Kl.: 29a, 6/31, Int. Kl.: D 01d 5/12, D 02j 1/22. A.-Z.: P 1946863.

DTA 1303384. Vorrichtung zum Verstrecken und thermischen Fixieren synthetischer Fäden. Erf.: *Erhard Siggel* u. *Fritz Kleekamm*. Anm.: Glanzstoff AG, 5600 Wuppertal. A. 4. 7. 59, B. 14. 10. 71. Kl.: 29a 6/31, Int. Kl.: D 01d 5/16. A.-Z.: P 1303384.

OEP 295728. Verfahren und Vorrichtung zum Naßspinnen von Fäden oder Stapelfasern. Erf.: *Ferdinando Biffi*, *Erich Chesi* u. *Oreste Gallina*. Inh.: Bemberg S.p.A., Mailand (IT). A. 6. 10. 67, B. 15. 7. 71. Kl.: 29a, 7/03. A.-Z.: 9107/67. Prior.: 7. 10. 66 (IT; A.-Z.: 28649 A/66). Entspr. CHP 475374 u. FRP 1542879.

GBP 1242456. Synthetischer Faden, synthetische Flächengebilde und Fäden sowie Verfahren zu ihrer Herstellung. Inh.: Algemene Kunstzijde Unie N. V. A. 19. 8. 68, B. 11. 8. 71. Kl.: B5.B, Int. Kl.: B 29 d 7/02, D 01d 5/00. A.-Z.: 39649/68. Prior.: 19. 8. 67 (NL; A.-Z.: 6711464). Entspr. FRP 1588241.

DTA 1660662. Vorrichtung zum Regulieren der Spannung von unverstreckten Fadenkabeln. Erf.: *Rihei Takeuti* u. *Hidehiko Isobe*. Anm.: Teijin Ltd., Osaka (JA). A. 3. 11. 67, B. 21. 10. 71. Kl.: 29a, 6/06, Int. Kl.: D 01d 7/00. A.-Z.: P 1660662. Prior.: 5. 11. 66 (JA; A.-Z.: 72774, JAP 10012/69 Entspr. GBP 1211022.

USP 3596319. Schneidvorrichtung für Schaumfäden. Erf.: *Winfield L. McKenica*, *Marvin Scher* u. *James Gerald Smith*. Inh.: E. I. du Pont de Nemours & Co., Wilmington, Del. A. 22. 7. 68, B. 3. 8. 71. Kl.: 18-8B, Int. Kl.: D 01d 7/00. 7 Anspr. A.-Z.: 746353. Entspr. DTO 1937215 u. GBP 1237360.

DTO 1953461. Maschine zum Spinnen von Synthesefasern. Erf.: *Oleg W. Ponomarew*, *Wladimir L. Forer*, *Gleb A. Golubew*, *Iwan K. Popow* u. *Wsewolod Nowickij*. Anm.: Spezialnoe konstruktorsko-technologitscheskoe bjuro maschin chimitscheskich wolokon, Leningrad (SU). A. 23. 10. 69, B. 6. 5. 71. Kl.: 29a, 6/31, Int. Kl.: D 01d 13/00. A.-Z.: P 1053461.

D 01f. Chemische Gesichtspunkte bei der Herstellung von künstlichen Fäden, Gespinsten, Fasern, Borsten oder Bändern

DTO 1669360. Verfahren zur Wiedergewinnung von Cyclohexanon aus den Koagulierbädern, die beim Verspinnen von Polyvinylchlorid verwendet werden. Erf.: *Paolo Melacini* u. *Silvio Trevisi*. Anm.: Chatillon Soc. An. Italiana per le Fibre Tessili Artificiali S.p.A., Mailand (IT). A. 22. 1. 66, B. 6. 5. 71. Kl.: 29b, 3/65, Int. Kl.: D 01f. A.-Z.: P 1669360 (A 51396). Prior.: 27. 1. 65 (IT; A.-Z.: 1720/65). Entspr. DLP 53381, CHP 463692 u. GBP 1126501.

DTO 1669472. Verfahren zur Herstellung von zusammengesetzten Fäden mit verbessertem Kräuselvermögen. Erf.: *Tetsuo Kinoshita*, *Takashi Ito* u. *Akihisa Furutani*. Anm.: Kanegafuchi Boseki K. K., Tokio (JA). A. 20. 10. 66, B. 8. 4. 71. Kl.: 29b, 3/60, Int. Kl.: D 01f. A.-Z.: P 1669472 (K 60514). Prior.: 20. 10. 65, 29. 10. 65 (JA; A.-Z.: 64608/65, 66608/65, A.-Z.: 64608/65, JAP 1786/68. Entspr. FRP 1497147 u. GBP 1135986.

DTO 1669532. Elastische Fäden. Erf.: *Franco Cogningni*, *Eugenio Rottenbacher* u. *Adolfo A. Antonioli*. Anm.: Snam Progetti S.p.A., Mailand (IT). A. 4. 8. 66, B. 6. 5. 71. Kl.: 29b, 3/65, Int. Kl.: D 01f 7/02. A.-Z.: P 1669532 (S 105203). Prior.: 4. 8. 65 (IT; A.-Z.: 17582/65). Entspr. FRP 90838 u. GBP 1149065.

DTO 1669554. Verfahren zur Herstellung elastischer Fasern aus vernetzten Polyurethanpolymeren. Erf. u. Anm.: *Federico Urgesi*, Vercelli (IT). A. 9. 8. 67, B. 6. 5. 71. Kl.: 29b, 3/60, Int. Kl.: D 01f. A.-Z.: P 1669554 (U 14136). Prior.: 20. 8. 66 (IT; A.-Z.: 19203/66). Entspr. GBP 1163649 u. USP 3494894.

DTA 1669475. Verfahren zum Herstellen von geformten Gebilden, insbesondere von Fäden oder Folien. Erf.: *Kiyoshi Tsuboi* u. *Takani Mochizuki*. Anm.: Kurashiki Rayon Co. Ltd., Kurashiki (JA). A. 5. 3. 64, B. 30. 9. 71. Kl.: 29b, 3/65, Int. Kl.: D 01f 7/02. A.-Z.: P 1669475. Prior.: 11. 3. 63, 23. 3. 63 (JA; A.-Z.: 15116-63, 12386-63, 12387-63, 12388-63, 12389-63). Vgl. auch DTA 1520192. Entspr. FRP 1391238, GBP 1059970 u. USP 3427298.

D 02. Garne: mechanische Veredlung von Garnen oder Seilen; Schären oder Bäumen

D 02g. Kräuseln oder Krimpfen (Texturieren) von Fasern, Fäden, Zwirnen oder Garnen; Garne oder Zwirne

DTO 1660219. Verfahren und Vorrichtung zur kontinuierlichen Herstellung eines gekräuselten Fadengebildes. Erf.: *Hermann Kubler*. Anm.: Barmag Barmer Maschinenfabrik AG, 5600 Wuppertal (DT). A. 29. 4. 66, B. 22. 4. 71. Kl.: 29a, 6/20, Int. Kl.: D 02g. A.-Z.: P 1660219 (B 86885). Entspr. DLP 61077, FRP 1521243 u. USP 3526937.

DTO 1660341. Vorrichtung zur Behandlung eines laufenden Fadens mit einem strömenden Medium. Erf.: *Peter Heinen* u. *Josef Rongen*. Anm.: Glanzstoff AG, 5600 Wuppertal (DT). A. 16. 3. 67, B. 29. 4. 71. Kl.: 29a, 6/20, Int. Kl.: D 02g. A.-Z.: P 1660341 (G 49587). Entspr. DLP 66670, GBP 1217536, u. USP 3460213.

DTO 1660426. Verfahren zum Bauschen eines multifilen Garns. Erf.: *Theo Hensen* u. *Wilfried Buntrock*. Anm.: Kung Textil AG, 5600 Wuppertal (DT). A. 2. 9. 66, B. 29. 4. 71. Kl.: 29a, 6/20, Int. Kl.: D 02g. A.-Z.: P 1660426 (K 60164). Entspr. CHP 464435 u. FRP 1535307.

DTO 1660542. Verbesserung der Behandlungen von multifilen endlosen Spinnfäden und Spinnfäden mit kontrolliert labilem Zusammenhalt der Elementarfäden. Erf.: *Domenico Nicita*. Anm.: Snia Viscosa Società Nazionale Industria Applicazioni Viscosa S.p.A., Mailand (IT). A. 7. 10. 66, B. 29. 4. 71. Kl.: 29a, 6/20, Int. Kl.: D 02g. A.-Z.: P 1660542 (S 106405). Prior.: 9. 10. 65 (IT; A.-Z.: 9943). Entspr. USP 3436798.

DTO 1963793. Maschine zum Kräuseln eines thermoplastischen Fadens. Erf.: *Risto Salama*. Anm.: Fa. Spinner Osakeyhtiö, Helsinki (FI). A. 19. 12. 69, B. 6. 5. 71. Kl.: 29a, 6/20, Int. Kl.: D 02g 1/00. A.-Z.: P 1963793. Prior.: 31. 10. 69 (FI; A.-Z.: 3135/69). Entspr. CHP 505230, FRP 2065768 u. GBP 1247254.

DTO 2047644. Texturiertes Garn und Verfahren zu seiner Herstellung. Erf. u. Anm.: *Antonio Ratti*, Como (IT). A. 28. 9. 70, B. 29. 4. 71. Kl.: 29a, 6/20, Int. Kl.: D 02g 1/00. A.-Z.: P 2047644. Prior.: 8. 10. 69 (IT; A.-Z.: 23107 A/69). Entspr. FRP 2065911.

FRP 2070976 (B.) Verfahren zur Herstellung eines texturierten Fadens mit Restdrehmoment. Inh.: Societe Rhodiaceta. A. 12. 12. 69, B. 22. 10. 71. Int. Kl.: D 02g 1/00. A.-Z.: 6943178.

GBP 1242571. Verfahren und Apparatur zum Kräuseln von synthetischen Fäden. Inh.: T. M. M. (Research) Ltd. A. 18. 4. 68, B. 11. 8. 71. Kl.: D1.F, Int. Kl.: D 02g 1/00, 1/12. A.-Z.: 18344/68. Entspr. DTO 1919196, CHP 508742 u. FRP 2006469.

SUP 311994(Urheberschein).Vorrichtung zur Herstellung von Hochbauschfäden. Erf.: *C. P. Livinskij*, *L. S. Smirnov*, *A. V. Stojanov*, *A. Ja. Kolomiec* u. *A. A. Truchan*. Anm.: Naučno-issledovatel'skij Institut po Pererabotke iskusstvennych i chimičeskich volokon. A. 23. 12. 68, B. 19. 8. 71. Int. Kl.: D 02g 1/12. A.-Z.: 1291025/28–12.

SUP 311995 (Urheberschein). Vorrichtung zum Erwärmen von laufenden Fäden. Erf.: *O. A. Kremnev*, *V. R. Borovskij*, *L. M.-G. Mišnaevskij*, *E. V. Šerenkovskij*, *A. L. Jureskul*, *L. E. Špil'berg*, *L. S. Lizak*, *Ju. P. Cesis* u. *Ju. A. Aleksandrov*. Anm.: Special'noe opytno-konstruktorskoe Bjuro Instituta techničeskoj teplofiziki AN Ukrainskij SSR. A. 11. 8. 69, B. 19. 8. 71. Int. Kl.: D 02g 1/20. A.-Z.: 1257773/28–12.

CSP 142471. Austrittsdüse für Kräuselmaschinen. Erf.: *Miloslav Čech*. A. 9. 2. 68, B. 19. 3. 71. Kl.: 29a, 6/20, Int. Kl.: D 02g 1/12. A.-Z.: 990/68. Entspr. DTO 1904227 u. GBP 1219054.

USP 3587145. Kräuselvorrichtung mit Heiz- und Kühleinrichtung. Erf.: *Donald W. McKinney* u. *Henry A. Sinski*. Inh.: Joseph Bancroft & Sons Co., Wilmington, Del. A. 19. 6. 69, B. 28. 6. 71. Kl.: 28-1,7, Int. Kl.: D 02g 1/12. 26 Anspr. A.-Z.: 834792. Entspr. DTO 1958071 u. FRP 2023821.

D 21. Papierherstellung; Gewinnung von Cellulose bzw. Zellstoff

PAPIER

D 21c. Gewinnung von Cellulose durch Abscheiden nichtcelluloseartiger Substanzen von cellulosehaltigen Stoffen; Wiedergewinnung der Zellstoffablaugen; Vorrichtungen dafür

DTO 1951709. Verfahren zur Aufhellung von Holzschliff, Zellstoff und/oder Altpapier. Erf.: *Werner Auhorn*. Anm.: Badische Anilin- & Soda-Fabrik AG, 6700 Ludwigshafen (DT). A. 14. 10. 69, B. 22. 4. 71. Kl.: 55c, 1. Int. Kl.: D 21d. .A-Z.: P 1951709. Entspr. FRP 2065969.

SWP 340215. Revolverzubringer zur Behandlung von cellulosehaltigem Material, wie Holzbrei oder dergleichen. Inh.: *R. B. Reinhall*, Lidingö. A. 12. 3. 70, B. 8. 11. 71. Kl.: 55b, 2/50, Int. Kl.: D 21c 7/06. A.-Z.: 3307/70.

GBP 1242709. Bleichen von Zellstoff. Inh.: Pulp & Paper Research Institute of Canada. A. 16. 12. 68, B. 11. 8. 71. Kl.: D1.P, Int. Kl.: D 21c 9/12. A.-Z.: 59 738/68.

SUP 312001 (Urheberschein). Verfahren zur Modifizierung von Celluloseacetat. Erf.: *A. P. Paulauskas*, *A.-G. A. Visokinskas*, *I. A. Degutis* u. *K.-B. K. Lukošajtene*. Anm.: Kaunasskij politechničeskij Institut u. Litovskij naučno-issledovatel'skij Institut tekstil'noj Promyšlennosti. A. 3. 12. 69, B. 19. 8. 71. Int. Kl.: D 06m 13/40. A.-Z.: 1383283/23–5.

Sektion G. Physik

G 01. Messen; Prüfen

G 01n. Untersuchen der chemischen oder physikalischen Eigenschaften von Stoffen

SUP 307308 (Urheberschein). Prüfverfahren für textile und ihnen verwandte Erzeugnisse. Erf.: *A. I. Kobljykov* u. *A. I. Novikov*. A. 20. 2. 68, B. 21. 6. 71. Int. Kl.: G 01n 3/07. A.-Z.: 1219163/28–12.

SUP 307320 (Urheberschein). Verfahren zur Bestimmung des Benetzungswinkels von Elementarfäden durch Flüssigkeiten. Erf.: *V. N. Prigorodov*. A. 1. 8. 69, B. 21. 6. 71. Int. Kl.: G 01n 13/02. A.-Z.: 1357421/26–25.

DTO 1648802. Einrichtung zum selbsttätigen Zuführen der Proben bei einer Zerreißmaschine für Textilfasern, Feindrähte u. dgl. Erf.: *Reinhart Meyeer* u. *Herbert Martschat*. Anm.: Zwick & Co., KG, 7900 Ulm (DT). A. 5. 2. 68, B. 6. 5. 71. Kl.: 42k, 50, Int. Kl.: G 01n 33/36. A.-Z.: P 1648802 (Z 13308).

Literaturschau

Auszug aus Lieferung 9 und 10/1972 der Literaturschau „Faserstoffe und Textiltechnik", zusammengestellt von der Abteilung Information und Dokumentation des Instituts für Polymerenchemie der DAW, 153 Teltow-Seehof, Kantstr. 55

I. Wissenschaftliche Grundlagen

Physik und Chemie der Hochpolymeren

Lang, H.: Makromolekulare Chemie. Nachrichten Chemie Technik **20** (1972) 4, S. 69–71. In:-Angew. Chemie **84** (1972) 4.

Peyser, P., Little, R. C.: Die Reibungsverminderung von verdünnten Polymerlösungen als Funktion des Lösevermögens, der Viskosität und der Temperatur. J. appl. Polymer Sci. **15** (1971) 11, S. 2623–2637.

Lungu, M., Tudose, R. Z.: Rheologisches Verhalten von Polymerlösungen und -schmelzen. Materiale plast., Bucureşti **9** (1972) 2, S. 80–88.

Matsuura, T., Sourirajan, S.: Physikochemische Kriterien für die Trennung von Alkoholen, Phenolen und Monocarbonsäuren in wäßrigen Lösungen durch umgekehrte Osmose mit porösen Celluloseacetatmembranen. J. appl. Polymer Sci. **15** (1971) 12, S. 2905–2927.

Jeffrey, P. D.: Die relative Molekülmasse von Wollproteinen mit geringem Schwefelgehalt. Ein Rückblick. J. Textile Inst. **63** (1972) 2, S. 91–113.

Rudin, A., Benschop-Hendrychova, I.: Messung der relativen Molekülmasse von Polyvinylchlorid. J. appl. Polymer Sci. **15** (1971) 12, S. 2881 bis 2904.

Halonen, A.: Quantitative papierchromatographische Zuckerbestimmung mit Hilfe von Atomabsorptions-Spektrometrie. Paperie ja Puu, Helsinki (Papier u. Holz) **54** (1972) 3, S. 99–105 (engl.).

Schadenböck, W., Prey, V.: Eine neue quantitative Ligninbestimmung mit Hilfe der UV-Spektrophotometrie. Papier **26** (1972) 3, S. 116–118.

Argentar, H.: Bestimmung des Polymerisationsgrades eines polymeren Amins anhand von NMR-Daten nach dem Verfahren der kleinsten Quadrate. J. Polymer. Sci., B: Polymer Letters **9** (1971) 9, S. 657 bis 659.

Ogiwara, Y., Kubota, H.: Untersuchung der Wasseradsorption an mit Methylmethacrylat gepfropfter Cellulose durch magnetische Kernresonanz. J. appl. Polymer Sci. **15** (1971) 12, S. 3137–3143.

Razikov, K, Ch., Peremkulova, Ch. T., Afaki, N. I., Azizov, U. A., Usmanov, Ch. U.: Elektronenmikroskopische Untersuchung der Struktur der Lösungen von Cellulosetriacetat bzw. einiger modifizierter Cellulosetriacetaten. Vysokomol. Soed. (Hochmol. Verbind.) Serie B: Kratkie Soobšč. (Kurzmitt.) **14** (1972) 3, S. 192–195.

Kaye, W., Havlik, A. J., McDaniel, J. B.: Kleinwinkellichtstreuungsmessungen an Flüssigkeiten. J. Polymer Sci., B: Polymer Letters **9** (1971) 9, S. 695–699.

Dautzenberg, H., Linow, K.-J., Philipp, B.: Zur Charakterisierung von Cellulosenitrat und -carbanilat in verdünnter Lösung mittels Lichtstreuung, Sedimentationsmessung und Viskosimetrie. Faserforsch. u. Textiltechnik **23** (1972) 4, S. 141–147.

Jordan, E. F., jr.: Kristallinität von Seitenketten. III. Einfluß der Kristallinität der Seitenketten auf die Einfriertemperatur von ausgewählten, n-Octadecylacrylat oder Vinylstearat enthaltenden Copolymeren. J. Polymer Sci., A-1: Polymer Chem. **9** (1971) 11, S. 3367–3378.

O'Shea, S., Santry, D. P.: Molekül-Elektronenbahntheorie für unendliche Systeme: Reguläre Polymerketten. J. chem. Physics **54** (1971) 6, S. 2667–2673.

Gabaraeva, A. D., Otradina, G. A., Šiškin, N. I.: Orientierungsrecken von Polyvinylalkohol. Veränderung der Dichte und des Kristallinitätsgrades. Vysokomol. Soed. (Hochmol. Verbind.) Serie B: Kratkie Soobšč. (Kurzmitt.) **14** (1972) 3, S. 178–181.

Helfand, E.: Theorie der Kinetik von Konformationsübergängen bei Polymeren. J. chem. Physics **54** (1971) 11, S. 4651–4661.

Little, R. C.: Der Einfluß von zugesetztem Salz auf das Fließen von hochverdünnten Lösungen von Polyäthylenoxiden. J. appl. Polymer Sci. **15** (1971) 12, S. 3117–3125.

Klenkova, N. I., Kulakova, O. M.: Fließkurven von mäßig-konzentrierten Cellulosetriacetatlösungen in einem breiten Bereich der Schubspannung und Schubgeschwindigkeit und in Abhängigkeit vom DP des Cellulosetriacetats. Ž. prikl. Chimii (Z. angew. Chemie) **45** (1972) 1, S. 145 bis 151.

Tager, A. A., Anikeeva, A. A., Andreeva, V. M., Všivkov, S. A.: Untersuchung von einen oberen und einen unteren kritischen Mischpunkt aufweisenden Polyvinylacetatlösungen. Vysokomol. Soed. (Hochmol. Verbind.) Serie B: Kratkie Soobšč. (Kurzmitt.) **14** (1972) 3, S. 231 bis 235.

Tonelli, A. E.: Zwischenmolekulare und innermolekulare Beiträge zum Schmelzen von linearen aliphatischen Polyestern und Polyamiden und deren Wirkung auf die beobachteten Unterschiede der Schmelztemperaturen von Polyestern und Polyamiden. J. chem. Physics **54** (1971) 11, S. 4637–4641.

Eisenberg, A., Matsura, H., Yokoyama, T.: Einfriertemperatur bei ionischen Polymeren: Die Acrylate. J. Polymer Sci., A-2: Polymer Physics **9** (1971) 12, S. 2131–2135.

Bytenskij, V. Ja.: Zum Reaktionsmechanismus der Celluloseacetylierung. Ž. prikl. Chimii (Z. angew. Chemie) **45** (1972) 2, S. 453–454.

Slávik, I., Kučerová, M.: Versuche zur Veresterung der Carboxylgruppen der Cellulose. Faserforsch. u. Textiltechnik **23** (1972) 4, S. 157–160.

Priest, W. J., Sifain, M. M.: Photochemische und thermische Isomerisierung in Polymermatrizen: Azoverbindungen in Polystyrol. J. Polymer Sci., A-1: Polymer Chem. **9** (1971) 11, S. 3161–3168.

Mandal, B. M., Palit, S. R.: Quantitative Behandlung des Farbstoffverteilungsverfahrens zur Analyse von oberflächenaktiven Substanzen und von ionischen Gruppen in Hochpolymeren. J. Polymer Sci., A-1: Polymer Chem. **9** (1971) 11, S. 3301–3310.

Schael, G. W.: Refraktometrische Bestimmung der Stöchiometrie von reagierenden Polymersystemen. J. appl. Polymer Sci. **15** (1971) 11, S. 2877–2879.

Sjutkin, V. N., Bytenskij, V. Ja., Slaveckaja, P. A.: Hydrolyse vonCyanäthylcellulose im alkalischen Medium. Ž. prikl. Chimii (Z. angew. Chemie) **45** (1972) 1, S. 167–172.

Weaver, M. O., Gugliemelli, L. A., Doane, W. M., Russell, C. R.: Hydrolyse von Stärke/Polyacrylnitril-Pfropfcopolymeren: Einfluß der Struktur auf die Eigenschaften. J. appl. Polymer Sci. **15** (1971) 12, S. 3015–3024.

Jadrníček, B. R., Stivala, S. S., Reich, L.: Einfluß der Konzentration von ataktischem Polypropylen auf seine Autoxydationsgeschwindigkeit. J. appl. Polymer Sci. **15** (1971) 11, S. 2677–2686.

Zolotova, N. V., Denisov, E. T.: Mechanismus der Fortpflanzung und Verzweigung der oxydierten Kette bei der Oxydation von Polypropylen und Polyäthylen. J. Polymer Sci., A-1: Polymer Chem. **9** (1971) 11, S. 3311 bis 3320.

Račinskij, G. F., Maksimova, V. K., Suchov, V. A.: Einfluß stabilisierender Zusätze auf den oxydativen Abbau von Trioxan/Dioxolan-Copolymeren. Vysokomol. Soed. (Hochmol. Verbind.) Serie B: Kratkie Soobšč. (Kurzmitt.) **14** (1972) 3, S. 214–216.

DeIasi, R., Russel, J.: Abbau von Polyimiden durch Wasser. J. appl. Polymer Sci. **15** (1971) 12, S. 2965–2974.

Rao, J. M., Roberts, E. J., Rowland, S. P.: Zur Möglichkeit der Isolierung von formaldehydhaltigen Bestandteilen nach dem enzymatischen Abbau von mit Formaldehyd behandelter Baumwollcellulose. J. Polymer Sci., B: Polymer Letters **9** (1971) 9, S. 647–650.

Lindberg, J. J., Jauhiainen, T. P., Savolainen, A.: Über oxydative Kupplung von 2.6-disubstituierten Phenolen und Verbrennungswärme der erhaltenen Produkte. Paperi ja Puu, Helsinki (Papier u. Holz) **54** (1972) 3, S. 91–98 (engl.).

Polymerisation

Tomescu, M., Macarie, L.: Berechnungsnomogramme für die binäre Copolymerisation. Materiala plast., București **9** (1972) 2, S. 97–99.

Uhlig, E., Teichmann, R.: Pfropfpolymerisation auf Cellulose nach der Mangan(IV)-Methode. II. Analytische Untersuchungen an Cellulose/Polyacrylnitril-Pfropfcopolymeren. Faserforsch. u. Textiltechnik **23** (1972) 4, S. 148–156.

Ito, K.: Analyse der Polymerisationsgeschwindigkeiten bei der Radikalpolymerisation mit Abbruch der Primärradikale von Methylmethacrylat bei Initiierung mit 2,2'-Azobis-(2,4-dimethylvaleronitril). J. Polymer Sci., A-1: Polymer Chem. **9** (1971) 9, S. 2541–2547.

Chripkov, E. G., Baranova, S. A., Charitonov, V. M., Kudrjavcev, G. I.: Untersuchung der Polykondensationskinetik von Hexamethylendiammoniumadipat in fester Phase. Vysokomol. Soed. (Hochmol. Verbind.) Serie B: Kratkie Soobšč. (Kurzmitt.) **14** (1972) 3, S. 172–175.

Klein, K. P., Reimschuessel, H. K.: Untersuchungen über substituierte Lactame. I. J. Polymer Sci., A-1: Polymer Chem. **9** (1971) 9, S. 2717–2725.

Oraby, W., Hopfenberg, H. B., Stannett, V.: Strahlungschemische Pfropfung von Vinylmonomeren auf Holzzellstoffe. Teil I. J. appl. Polymer Sci. **15** (1971) 12, S. 2987–2998.

Zacharov, V. A., Ermakov, Ju. I. (Schreibw. i. Orig.: *Zakharov, V. A., Ermakov, Yu. I.*:) Kinetische Untersuchung der Äthylen-Polymerisation mit Chromoxidkatalysatoren durch radioaktive Markierung. J. Polymer Sci., A-1: Polymer Chem. **9** (1971) 11, S. 3129–3146.

Belova, V. N., Gerasina, M. P., Bejchol'd, G. A., Russijan, L. N. Matkovskij, P. E., Brikenštejn, Ch.-M. A., D'jačkovskij, F. S., Čirkov, N. M.: Polymerisation von Äthylen in Gegenwart eines mit Triphenylchlormethan modifizierten Systems: $(C_5H_5)_2TiCl_2 + Al(C_2H_5)_2Cl$. Plast. Massy, Moskva (Plast. Massen) (1972) 3, S. 7–10.

Wada, T., Watanabe, T., Takehisa, M.: Einfluß der Dosisleistung auf die strahlungschemisch induzierte Polymerisation von Äthylen in tert.-Butylalkohol. J. Polymer Sci., A-1: Polymer Chem. **9** (1971) 9, S. 2659–2672.

Subbotin, A. I., Jankitova, L. N., Denisov, V. F., Čikšov, I. M., Suchich, N. G.: Auffangen von Vinylchlorid bei der Produktion von Polyvinylchlorid. Chim. Prom. (Chem. Ind.) (1972) 4, S. 14 (254)–16(256).

Sugiyama, K., Nakaya, T., Imoto, M.: Vinylpolymerisation. Teil 268. Durch das System Tetramethyltetrazen/Bromessigsäure initiierte Polymerisation von Acrylnitril. J. Polymer Sci., A-1: Polymer Chem. **9** (1971) 9, S. 2689–2702.

Janovič, Z., Marvel, C. S., Diamond, M. J., Kertesz, D. J., Fuller, G.: Copolymere von Vinylchlorid und Vinylidenchlorid mit einigen Säurechloriden. J. Polymer Sci., A-1: Polymer Chem. **9** (1971) 9, S. 2639–2649.

Ogiwara, Y., Kubota, H.: Strahlungschemisch ausgelöste Pfropfcopolymerisation von Methylmethacrylat auf Cellulose. J. Polymer Sci., A-1: Polymer Chem. **9** (1971) 9, S. 2549–2559.

Sedakova, L. I., Bedina, Ž, A., Grickova, I. A., Berežnoj, G. D., Medvedev, S. S.: Untersuchung der Emulsionspolymerisation von Styrol in Gegenwart von kationischen und nichtionogenen Emulgatoren. Vysokomol. Soed. (Hochmol. Verbind.) Serie B: Kratkie Soobšč. (Kurzmitt.) **14** (1972) 3, S. 169–172.

Niezette, J., Desreux, V.: Durch ^{60}Co-γ-Strahlen ausgelöste Polymerisation von Styrol, Vinylacetat und deren Mischungen in Gegenwart eines Radikalinitiators. J. Polymer Sci., A-1: Polymer Chem. **9** (1971) 9, S. 2469–2479.

Bunjat-Zade, A. A., Mamedev, E. L., Avakjan, L. G., Pokatilov, V. D., Efendieva, T. Z., Džatieva, R. D.: Synthese und Untersuchung von Polymeren des 4-Methylpenten-1 und Di-methyl-4-hexen-1. Plast. Massy, Moskva (Plast. Massen) (1972) 3, S. 12–15.

Lochmann, L., Lukáš, R., Lim, D.: Einfluß von Lithiumalkoxiden auf die Geschwindigkeit der Reaktion von Butyllithium und 1,1-Diphenyläthylen. Coll. czechoslov. chem. Commun. **37** (1972) 2, S. 569–572.

Telešov, E. N., Pravednikov, A. N.: Polymere auf der Basis von Tetraaminobenzochinon. Vysokomol. Soed. (Hochmol. Verbind.) Serie B: Kratkie Soobšč. (Kurzmitt.) **14** (1972) 3, S. 185–188.

Culbertson, B. M., Dietz, S., Wilson, R. D.: Untersuchungen zur Synthese, Homopolymerisation und Copolymerisation von N-Vinyl-5-decyl-2-oxazolidon. J. Polymer Sci., A-1: Polymer Chem. **9** (1971) 9, S. 2727–2732.

Agnew, N. H., Brown, M. E.: Polymerisation von Vinylpyridin-Koordinationsverbindungen im festen Zustand. J. Polymer Sci., A-1: Polymer Chem. **9** (1971) 9, S. 2561–2574.

Ishigaki, I., Ito, A., Iwai, T., Hayashi, K.: Strahlungschemisch induzierte Nachpolymerisation von Trioxan im festen Zustand. III. Einfluß von Sauerstoff auf die Nachpolymerisation von Trioxan. J. Polymer Sci., A-1: Polymer Chem. **9** (1971) 9, S. 2511–2521.

Kim, A. M., Zarževkaja, L. K., Tatevosjan, E. L., Judkin, B. I.: Einfluß der Synthesebedingungen von Polyphenylenoxid auf seine Beständigkeit gegenüber dem thermooxydativen Abbau. Plast. Massy, Moskva (Plast. Massen) (1972) 3, S. 10–12.

Sonderfragen

Lang, H.: Synthese und Eigenschaften polymer gebundener Enzyme. Nachrichten Chemie Technik **20** (1972) 4, S. 71–73. In: Angew. Chemie **84** (1972) 4.

Benner, D. W.: Ausscheidung von Aerosolen. Textile Ind. **135** (1971) 10, S. 61–62. 64.

II. Faserstoffe. Ausgangsstoffe usw.

Naturfaserstoffe

Pflanzliche Faserstoffe

Kleinert, Th. N.: Alterung von Cellulose. Teil VI. Natürliches Altern von Leinen über lange Zeiträume. Holzforsch. **26** (1972) 2, S. 46–51.

Chidambareswaran, P. K., Sundaram, V., Prakash, J., Verma, N. C., Singh, B. B.: Bildung und Reaktionen von strahlungsinduzierten freien Radikalen bei chemisch modifizierter Baumwolle. J. Polymer Sci., A-1: Polymer Chem. **9** (1971) 9, S. 2651–2658.

Tierische Faserstoffe

Ingham, P. E.: Die Pyrolyse von Wolle und die Wirkung von Flammfestausrüstungsmitteln. J. appl. Polymer Sci. **15** (1971) 12, S. 3025–3041.

Hebeish, A., Bendak, A., Kantouch, A.: Pfropfen von Wolle mit Vinylmonomeren durch Anwendung des Trichloressigsäure-bis(acetonylacetonat)-kupfer(II)-Katalysators. J. appl. Polymer Sci. **15** (1971) 11, S. 2733–2741.

Chemiefaserstoffe

van Krevelen, D. W.: Entwicklungstendenzen bei den Chemiefasern. Lenzinger Ber., Lenzing /Österr. (1971) 32, S. 10–19.
Daimler, B. H.: Klassische und neue Einsatzgebiete technischer Chemiefasern. Lenzinger Ber., Lenzing/Österr. (1971) 32, S. 120–127.
Jovanovič, M.: Aktivitäten der Vereinigung „SASMIRA" auf dem Gebiet der Chemiefaserforschung in Indien. Hemijska Vlakna, Loznica/Jugoslaw. (Chem. Fasern) **11** (1971) 3, S. 10–14.
Herlinger, H.: Hochtemperaturbeständige Fasermaterialien aus organischen Grundstoffen. Lenzinger Ber., Lenzing/Österr. (1971) 32, S. 31–38. Textil-Praxis internat. **27** (1972) 3, S. 181–183.

Regeneratfaserstoffe

Nikonovič, G. V., Usmanov, Ch. U., (Schreibw. i. Orig.: *Nikonovich, G. V., Usmanov, Kh. U.*): Vernetzung und strukturelle Veränderungen von Cellulosefaserstoffen. J. Polymer Sci., A-1: Polymer Chem. **9** (1971) 11, S. 3245–3261.
Seidler, R., Hüpfl, J., Krässig, H.: Die textilen Eigenschaften der Tapiflor-Faser, ihre Verarbeitung und ihr Einsatz. Chemiefasern /Textilind. **22/74** (1972) 3, S. 194–196.

Synthetische Faserstoffe

Philipp, B.: Polymerforschung in ihrer Auswirkung auf die Faserherstellung. Lenzinger Ber., Lenzing/Österr. (1971) 32, S. 21–29.
Sadovskij, B. F., Baberkina, G. I., Rozenblium, N. D., Petrjanov, I. V.: Über die Migration einer Flüssigkeit an der Fadenoberfläche bei der Filtration von Aerosolen. Dokl. Akad. Nauk SSSR (Ber. Akad. Wiss. UdSSR) **202** (1972) 4, S. 886–888.
Matveev, V. S., Perepelkin, K. E.: Bestimmung der Luftlöslichkeit in hochviskosen Flüssigkeiten. Zavodsk. Labor., Moskva (Betriebslabor) **38** (1972) 3, S. 306–308.
Kudrjavcev, G., (Schreibw. i. Orig.: *Kudrjawzew, G.*): Modifizierte Polyamidfasern. Lenzinger Ber., Lenzing/Österr. (1971) 32, S. 97–104.
Daniels, B. K.: Zugdeformation von Polyamid-6.6-Faserstoff bei –196 °C. J. appl. Polymer Sci. **15** (1971) 12, S. 3109–3116.
Antistatische Polyamidfaser von Snia Viscosa. Chemiefasern/Textilind. **22/74** (1972) 3, S. 199–200.
O'Neil, Ch.: Collins & Aikman behauptet Durchbruch der Faser Kynol von Carborundum. Knitting Times **40** (1971) 46, S. 73.
Meraklon BCF – eine neue Teppichfaser aus Polypropylen. Chemiefasern/Textilind. **22/74** (1972) 3, S. 196–199.
Heterofilfasern als neuer Impuls für Nadelfilz-Teppichböden. Chemiefasern/Textilind. **22/74** (1972) 3, S. 200, 202.
van der Zee, P., Pals, D. T. F.: Ein Maß der Spaltbarkeit. Textile Manuf. **98** (1971) 1163, S. 36–37.
Harms, J., Krässig, H., Saßhofer, F.: Fäden und Fasern aus Folien. Lenzinger Ber. Lenzing/Österr. (1971) 32, S. 81–88.
Reichman, Ch.: Synthesefaserverbrauch der Strickereien soll im laufenden Jahr Gipfelumfang erreichen. Knitting Times **40** (1971) 46, S. 53–57.
Minaneva, R.: Quantitative Bestimmungsmethode für Titandioxid in Chemiefaserstoffen. Hemijska Vlakna, Loznica/Jugoslaw. (Chem. Fasern) **11** (1971) 3, S. 8–9.
Welge, W. E.: Die Entwicklungstendenzen bei Teppichfasern. Chemiefasern/Textilind. **22/74** (1972) 3, S. 169–171.

III. Fäden-Herstellungstechnologien

Spinnerei. Zwirnerei

Beh, F.: Leitfaden der textilen Fertigung. Textil-Praxis internat. **27** (1972) 2, S. 87–89.
Mischungen und Reinigung in der Baumwollspinnerei. Ind. textile, Paris (1972) 1008, S. 19–22.
Vladimirov, B. M., Pavlova, Z. V., Širokov, V. P.: Einfluß des Kardierprozesses auf die Fadenbruchhäufigkeit beim OE-Spinnen. Tekstil. Prom., Moskva (Textil-Ind.) **32** (1972) 1, S. 26–29.

Spinnereivorbereitung

Baumwollspinnerei. Textil-Praxis internat. **27** (1972) 2, S. 90–93.
Anikin, V. S., Šiganov, S. D., Sevost'janov, A. G.: Untersuchung der Vergleichmäßigungswirkung der Deckelkarde. Izv. vysšich uč. Zav. Technol. tekstil. Prom. (Hochschulnach. Technol. Textil-Ind.) (1971) 61, S. 40–44.
Marcheschi, K.: Über die chemische Erschließung von Bastfasern. Magyar Textiltechn. **24** (1972) 2, S. 63–65.
Sobolev, S. V.: Mechanisierung der zeit- und kraftraubenden Arbeiten bei der Spinnereivorbereitung von Bastfasern. Textil. Prom., Moskva (Textil-Ind.) **32** (1972) 1, S. 30–32.
Repina, L. N.: Wie die Arbeitsweise der Kämmaschinen besser einzustellen ist. Tekstil. Prom., Moskva (Tekstil-Ind.) **32** (1972) 1, S. 32–33.

Spinnerei

Albrecht, W.: Chemiefasern in der OE-Spinnerei. Chemiefasern/Textilind. **22/74** (1972) 3, S. 187–192.
Lange, G., Reuter, K., Sarembe, K.-H.: Messung der Fasergeschwindigkeit in einem Luftstrom. Dt. Textiltechnik **22** (1972) 3, S. 151–154.

Erzeugnisse der Spinnerei und Zwirnerei

Transparent-Nähfäden helfen rationalisieren. Bekleid. u. Wäsche **24** (1972) 6, S. 434, 436.
Wegener, W., Vogt, H. J.: Die kapazitive Ermittlung von Merkmalen zur Kennzeichnung dicker Garnstellen. Textil-Praxis internat. **27** (1972) 2, S. 84–87.
Pamm, G.: Gebündelte Garne – eine neue Konzeption bei Acrylgarnen für Weberei und Strickerei. Textile Manuf. **98** (1971) 1163, S. 20–23.
Outreman, P.: Die Unreinheiten in den Wollgarnen und ihre Reinigung. Ind. textile, Paris (1972) 1009, S. 153–158.

Texturfäden

INTEX – Aycliffe, Tatton und Qualitex, texturiert. British Knitting Ind. **44** (1971) 511, S. 83.
Schauer, G., Neßmann, W.: Das Zwirntrenn-Verfahren und seine Anwendung zur Texturierseidenherstellung für Feinstrumpferzeugnisse. Dt. Textiltechnik **22** (1972) 3, S. 160–164.
Sen, H., Wray, G. R.: Die Eigenschaften von Kräuselgarnen des Luftdüsentyps. hergestellt ohne Luft. J. Textile Inst. **62** (1971) 6, S. 335–349.
Übersicht über Falschdraht-Texturiermaschinen. Knitting Times **40** (1971) 48, S. 29–37.
Kerenyi, I.: Thermofixiereigenschaften der Polyamidseide beim Texturieren. Ind. textile, Paris (1972) 1009, S. 113–116.
Herstellung hochwertiger Superbauschgarne. Textile Manuf. **98** (1971) 1163 S. 31.

IV. Flächengebilde-Herstellungstechnologien

Huyghe, R.: Die Form im Stoff, in der Natur und in der Kunst. Textilis, Gent **28** (1972) 3, S. 21–33.
Beck, H., Bauer, H.: Herstellung von Webketten aus glatten und texturierten Polyester-Endlosgarnen. II. Chemiefasern/Textilind. **22/74** (1972) 3, S. 222–226.
Abbenheim, P.: Spiel'Ball. Textile Manuf. **98** (1971) 1163, S. 24–26.

Materialvorbereitung

Stelzer, G.: Webereivorbereitung. Textil-Praxis internat. **27** (1972) 2, S. 94 bis 98.
Paál, L.: Einige Fragen der Webereivorbereitung von Filament-Bauschgarnen. Magyar Textiltechn. **24** (1972) 1, S. 18–20.
Linz, H.: Zum Problem der Wechselwirkung zwischen Faden und Fadenleitorganen bei schnell laufenden Textilmaschinen. Lenzinger Ber., Lenzing Österr. (1971) 32, S. 48–54.
Radionov, R. A.: Einfluß der Scheuerungseinwirkungen auf die Arbeitsfähigkeit von geschlichtetem Leinengarn. Izv. vysšich. uč. Zav. Technol. tekxtil. Prom. (Hochschulnachr. Technol. Textil-Ind.) (1971) 6, S. 75–79.

Weberei

Pascutiu, E.: Bestimmung der optimalen Webstuhlbedienungsbereiche durch Anwendung der Wartestrecken-Methode. Ind. textilă Bucureşti **23** (1972) 2, S. 86–91.
Fankhauser, H. B., Kessels, K. H.: Nachweisen mittels Computer. Textile Ind. **135** (1971) 11, S. 36–41, 108.
Erochin, Ju. F.: Bestimmung des Steifigkeitskoeffizienten des elastischen Einstellsystems an Webmaschinen. Tekstil. Prom., Moskva (Textil-Ind.) **32** (1972) 1, S. 45–47.

Weberei-Technologie

Schlegel, W., Werge, R.: Erfahrungen beim Einsatz der Pneumo-Papier-Webmaschine ATPR. Dt. Textiltechnik **22** (1972) 3, S. 154–160.
Firbank, T. C., Wells, J.: Mechanik des Mechanismus einer Picker-Feder. J. Textile Inst. **63** (1972) 2, S. 114–124.
Hughes, O.: Weben von Proben, ausgehend von kleinen Garnmengen. Textile Ind. **135** (1971) 10, S. 54–56.

Erzeugnisse der Weberei

Gordeev, V. A., Novak, N. S., Prokopova, R. T.: Berechnung der Füllung von Doppel-Kettenflorgeweben mit Verbindungskette. Tekstil. Prom., Moskva (Textil-Ind.) **31** (1971) 12, S. 20–22.
Augustsaitis, L. M.: Einsatz von hochschrumpfenden Polyesterfasern im Feintuchsortiment. Dt. Textiltechnik **22** (1972) 4, S. 223–225.
Leitjes, L. G.: Effektive Verfahren zur Herstellung von haltbaren Wollmischgeweben. Tekstil. Prom., Moskva (Textil-Ind.) **32** (1972) 1, S. 36 bis 41.

Wirkerei und Strickerei. Konfektionstechnik. Sonstige Technologien

Wirkerei- und Strickerei-Technologie

Schäch, W.: Rundstrickmaschinen. Textil-Praxis internat. **27** (1972) 2, S. 99 bis 103.
Elektronische Musterschaltvorrichtungen auf Mayer-Doppeltrikotmaschinen. Knitting Times **40** (1971) 46, S. 66–72.
Maaseide, J. O.: Gestrick-Analyse. Teil IV. Textile Ind. **135** (1971) 11, S. 62 bis 68.

Erzeugnisse der Wirkerei und Strickerei

Verfeinertes Computerprogramm für die Spezifikation eines regulär gewirkten Kleidungsstückes. Hosiery Trade J. **78** (1971) 935, S. 130–131.
Knapten, J. J. F.: Das Wirken hochqualitativer Doppel-Jersey-Stoffe. I. Allgemeine Faktoren zur Steuerung des Wirkungsgrades in der Herstellung. Textile Inst. Ind. **10** (1972) 2, S. 39–42.
Darlington, K. D.: Faktoren, die die Elastizität von Kettgewirken beeinflussen. Knitting Times **40** (1971) 48, S. 39–41.
Die Verzerrung der Maschen von Jerseys aus Zwirn. Ind. textile, Paris (1972) 1008, S. 73–76.
Kal'nickij, L. B.: Die Elektronik in der Trikotagenindustrie. Tekstil. Prom., Moskva (Textil-Ind.) **32** (1972) 1, S. 59–60.

Konfektion

Donner, E. D.: Die Situation der Bekleidungsindustrie in der Bundesrepublik. Bekleid. u. Wäsche **24** (1972) 7, S. 471–475.
Lorenz, G. Gg.: Automatisierung durch Nähtransferstraßen in mehrstufigen Textilbetrieben. Textil-Praxis internat. **27** (1972) 3, S. 164–165.

Textilverbundstoffe

Göbel, R.: Zur Ungleichmäßigkeit von flächenförmigen Textilien. Techn. Textilien **15** (1972) 1, S. 5–8.
Schmidt, S.: Herstellung von nichtgewebten Materialien auf nassem Wege. Celuloža si Hirtie. Bucureşti (Cellulose u. Papier) **21** (1972) 3, S. 174–182.
Pilisi, J.: Die Nadelverbundstoffe. Ind. textile, Paris (1972) 1009, S. 117 bis 119.

Faserverbundstoffe. Vliesstoffe

Sádek, V., Domas, J.: Erzeugung von Nadelvliesstoffen. Textil, Praha **27** (1972) 3, S. 80–84.
Rybakova, V. I., Poljak, T. B.: Einige Fragen der Arbeitsorganisation bei der Herstellung von Vliesstoffen. Izv. vysšich uč. Zav. Technol. tekstil. Prom. (Hochschulnachr. Technol. Textil-Ind.) (1971) 6, S. 7–11.
Ross, St. E.: Vliesstoffe – ein auf den neuesten Stand gebrachter Rückblick. Amer. Dyestuff Rep. **60** (1971) 9, S. 68, 70, 78, 83.
Hartmann, L.: Vliesstoffe mit besonderer Berücksichtigung der Spinnvliese. Lenzinger Ber., Lenzing/Österr. (1971) 32, S. 70–80. (mit Diskussion).

Fadenverbundstoffe

Garbe, J.: Malimo macht nicht nur Mode. Industriezweig Technische Textilien – Schrittmacher beim Einsatz moderner Technologien. Techn. Textilien **15** (1972) 1, S. 10–11.

V. Textilveredlung

Entwicklungen in der Lösungsmittelausrüstung von Textilien. British Knitting Ind. **44** (1971) 511, S. 33; 99.

Farbstoffe. Textilhilfsmittel

Die physikalische Form von Farbstoffen für Textilien. Hosiery Trade J. **79** (1972) 937, S. 85–90.

Dahm, H.: Verdickungsmittel und Kleber. Handelsnamen, Hersteller, Angaben zum Produkt. Bayer-Farben-Rev., Leverkusen, Sonderdruck (1971) November, S. 1–31. Beil. zu Bayer-Farben-Rev. (1972) 21.

Schwuger, M. J.: Zur Wirkungsweise von Tensiden in technischen Prozessen. Chemie-Ing.-Technik **44** (1972) 6, S. 374–378.

Bleicherei. Sonstige Vorbehandlungsarbeiten der Textilveredlung

Berndt, H.-J.: Bauelemente für eine kompakte Breitbleichanlage. Textilbetrieb **90** (1972) 3, S. 70–71 (dt., engl.).

Zel'din, L. I., Gromov, V. F., Bel'cov, V. M., Voronkov, M. G.: Automatisierung der Zubereitungsprozesse von Bleich-Peroxidflotten. Tekstil. Prom., Moskva (Textil-Ind.) **32** (1972) 1, S. 71–73.

Malick, A.: Sauberes Rohweiß. Amer. Dyestuff Rep. **60** (1971) 9, S. 44.

Johnson, R. F.: Anlagen für wäßriges Breitseifen/Erschlaffen für Maschinentextilien. Amer. Dyestuff Rep. **60** (1971) 10, S. 23–28.

Färberei

Klotz-Kaltverweil-Färbeverfahren. Hosiery Trade J. **78** (1971) 935, S. 91 bis 92.

Weckler, G.: Zur Entwicklung und Anwendung von Carriern beim Färben von Polyesterfasern. Textil-Praxis internat. **27** (1972) 2, S. 117–123.

Hall, A. J.: Färben in organischen Lösungsmitteln. Textile Manuf. **98** (1971) 1163, S. 32–33.

Raiteri, M.: Der Kleinst-Computer und die mittelgroße Färberei. Amer. Dyestuff Rep. **60** (1971) 11, S. 21–23.

Automatische Kontrolle von Färbeapparaten. Internat. Dyer, Textile Printer, Bleacher, Finisher **147** (1972) 3, S. 163–164.

Tamer, E.: Mehrfarbeneffekte auf Wolle durch: Blayer-Color-Contrast-Verfahren. Bayer-Farben-Rev., Leverkusen (1972) 21, S. 2–10.

Haigh, D.: Färben von Polyestertexturseide im Garnkörper. Knitting Times **40** (1971) 46, S. 58–62.

Stöckigt, H.: Einflüsse des Färbens auf den Textureffekt von Polyestertexturseiden in der Spulenfärberei. Dt. Textiltechnik **22** (1972) 4, S. 226 bis 228.

Otten, H. G.: Kennzahlen für das Kombinationsverhalten von Säurefarbstoffen beim Färben von Polyamidfasern. Bayer-Farben-Rev., Leverkusen (1972) 21, S. 32–48.

Goldman, Sh.: System Tanacrylic: Ein Verfahren für basisches Färben von Polyacrylfaserstoffen. Knitting Times **40** (1971) 46, S. 63–65.

Artos Teppich-Kontinue-Färbung und Teppichdruck-Nachbehandlung. Chemiefasern/Textilind. **22/74** (1972) 3, S. 209–210.

Toon, J.: Teppichfärberei. Amer. Dyestuff Rep. **60** (1971) 9, S. 46–47.

Jeths, J.: Möglichkeiten und Zielsetzung der Kontinuefärberei von textilen Bodenbelägen aus Polyamidfasern. Chemiefasern/Textilind. **22/74** (1972) 3, S. 202, 203, 204, 206–208.

Druckerei

Kalt-Verweil-Druckverfahren. Hosiery Trade J. **78** (1971) 935, S. 92.

Smith, G. A.: Umdrucken auf Wollstrickbekleidung: Weitere Tatsachen zum FASTRAN-Verfahren. British Knitting Ind. **44** (1971) 511, S. 89–93, 95–96.

Ausrüstung. Trocknung

Klein, A.: Einige spezielle Ausrüstungsmethoden. Textilis, Gent **28** (1972) 3, S. 14–20.

Warburton, C. E., jr., Schindler, A. T.: Morphologie von Gewebeausrüstungen aus schmutzabweisenden Acrylpolymeren und Faltenbeständigkeitsmitteln. J. appl. Polymer Sci. **15** (1971) 11, S. 2749–2766.

Glaß, H.: Chemisches Ausrüsten aus organischen Lösungsmitteln. Dt. Textiltechnik **22** (1972) 3, S. 164–171.

Bakalovska-Spasovska, M.: Fixierung von Wolle/Polyesterfaser-Mischgeweben. Hemijska Vlakna, Loznica/Jugoslaw. (Chem. Fasern) **11** (1971) 3, S. 15–16.

Voronkov, M. G., Ivanova, G. V.: Schmutzabweisende Ausrüstung von Geweben mit Alumoorganylnatriumsilicaten. Izv. vysšich uč. Zav. Technol. tekstil. Prom. (Hochschulnachr. Technol. Textil-Ind.) (1971) 6, S. 101 bis 105.

Kirillov, E. A.: Einfluß der Anfangsfeuchte des Gewebes auf die Temperatur des Dampfmediums im Reduktionsdämpfer. Izv. vysšich uč. Zav. Technol. tekstil. Prom. (Hochschulnachr. Technol. Textil-Ind.) (1971) 6, S. 91–95.

Dugin, N. I.: Über die Verbesserung der Festigkeit von Baumwollgewebe bei seiner Behandlung mit Karbamol. Tekstil. Prom., Moskva (Textil-Ind.) **32**, (1972) 1, S. 74–76.

Opitz, H. D.: Ausrüsten von Leinen und Leinenmischgewebe. Textil-Praxis internat. **27** (1972) 3, S. 166–167.

Haigh, D.: Wärmebehandlung von thermoplastischen Textilfasern. Hosiery Trade J. **78** (1971) 935, S. 117–118; 120, 121; 123; 124.

Dupraz, C. A.: Auftragen eines flammresistenten Apprets auf Wollgewebe. Amer. Dyestuff Rep. **60** (1971) 10, S. 54, 56.

Einsele, U.: Über die Flammfestausrüstung von Textilien. Textil-Praxis internat. **27** (1972) 3, S. 172–175.

Beschichtete Textilien in der Mode – ein 250-Millionen-Markt. Chemiefasern/Textilind. **22/74** (1972) 2, S. 144.

Harbert, F. C.: Wirtschaftliche Kontrolle von Textiltrocknern. Internat. Dyer, Textile Printer, Bleacher, Finisher **147** (1972) 2, S. 102–104, 106.

Wäscherei. Chemische Reinigung

Löcher, W.: archimedia – eine neue Waschstraße. Reiniger + Wäscher **25** (1972) 3, S. 40.

Kretschmer, A.: Technologische und wirtschaftliche Fakten zur Wertung von Breitwaschbehandlungen. Textil-Praxis internat. **27** (1972) 3, S. 168–169.

Bigler, N.: Über das Netzen mit Tensidlösungen und reinen Lösungsmitteln. Chem. Reiniger/Wäscher-Färber/Ztg. **70** (1971) 2, S. 77, 78, 80–82.

VI. Werkstoffprüfung. Meß- und Prüftechnik. Standardisierung

Eigenschaften und Fehler der Textilmaterialien u. a.

Henry, Z. A., Hertel, K. L., Duckett, K. E., Grand, J. N.: Auswirkungen atmosphärischer und chemischer Behandlungen auf in ihren Ausgangseigenschaften unterschiedliche Baumwollvarietäten. Amer. Dyestuff Rep. **60** (1971) 9, S. 57–58, 60, 62, 64, 66.

Szegö, L.: Eigenschaften der Mischgarne aus Polyester- und Cellulosefasern. Faserforsch. u. Textiltechnik **23** (1972) 4, S. 175–179.

Afanas'eva, R. F. (Schreibw. i. Orig.: *Afanasjewa, R. F.*): Experimentelle Methode zur Bestimmung der Wärmeabgabe des Menschen mittels Wärmemeßfühler. Dt. Textiltechnik **22** (1972) 3, S. 138–140.

Pierret, S., Bellaton, R.: Die Farb- und Druckechtheiten beim Chemischreinigen. Ind. textile, Paris (1972) 1009, S. 161–164.

Lord, J.: Die Gebrauchstüchtigkeit von Bettlaken bei Anstaltsgebrauch. J. Textile Inst. **62** (1971) 6, S. 304–327.

Wegener, W., Wulfhorst, B.: Die Bestimmung der Formänderungseigenschaften von elastischen Flächengebilden mit Hilfe des Wölbelastizitätsprüfgerätes. II. Chemiefasern/Textilind. **22/74** (1972) 2, S. 137–143.

Whan, R. B.: Die Schwankung der Faserlänge in Rohwolle. J. Textile Inst. **63** (1972) 2, S. 73–83; S. 84–90.

Lipšic, N. V.: Über die annähernde mathematische Abhängigkeit einiger technisch-ökonomischer Kennwerte von der Garnfeinheit. Tekstil. Prom., Moskva (Textil-Ind.) **32** (1972) 1, S. 11–13.

Gusev, V. E., Korobejnikov, A. P.: Veränderung der Fasereigenschaften im Prozeß der Herstellung von Streichvorgarn. Tekstil. Prom., Moskva (Textil-Ind.) **32** (1972) 1, S. 24–26.

Krässig, H. A.: Knitter- und Knittererholungsverhalten von Geweben auf Cellulosebasis. Magyar Textiltechn. **24** (1972) 1, S. 1–6.

Kerényi, I.: Die Anordnung und Inanspruchnahme der Fasern in Bauschgarnen. Magyar Textiltechn. **24** (1972) 1, S. 7–10.

Ször, P., Fülöp, I.: Der Einfluß der Drehung auf einige rheologische Eigenschaften der PA-6-Corde. Magyar Textiltechn. **24** (1972) 2, S. 66–67.

Belyšev, B. E.: Analytisches Verfahren zur Bestimmung der optimalen Parameter von Luntenverdichtern in Streckwerken. Izv. vysšich uč. Zav. Technol. tekstil. Prom. (Hochschulnachr. Technol. Textil-Ind.) (1971) 6, S. 48–53.

Luk'janova, L. M., Berestnev, V. A., Flekser, L. A., Chval'kovskij, N. V.: Besonderheiten des Verschleißes von Elementar-Viskosefasern beim Scheuern. Tekstil. Prom., Moskva (Textil-Ind.) **32** (1972) 1, S. 80–82.

Meß- und Prüftechnik

Wilson, D.: Die Dehnung schmaler elastischer textiler Flächengebilde. Textile Inst. Ind. **10** (1972) 2, S. 36–38.

Mayer, D., Bochnig, G.: Das Längenänderungsverhalten von PA 66, PA 6, PE-S, Viskose und PAC in Abhängigkeit von Temperatur, Spannung und Vordehnung. Textil-Praxis internat. **27** (1972) 3, S. 158–160.

Fell, K. T., Andrews, M. W., James, J. F. P.: Bestimmung des Durchmessers einer Mischung aus Wolle aus den Durchmessern der Mischungskomponenten. J. Textile Inst. **63** (1972) 2, S. 125–129.

Bownass, R., Hamilton, J. E.: Eine Methode zur Bestimmung der Rendement-Schwankung der Schmutzwolle durch Untersuchung einzelner Proben. J. Textile Inst. **62** (1971) 6, S. 328–334.

Garami, I.: Bericht über einen Zielkurs der Zellweger AG. ... Magyar Textiltechn. **24** (1972) 2, S. 74–78.

Standardisierung. Terminologie

Die Pflegekennzeichnung. Vetir, Paris (1972) 166, S. 46.

VII. Betriebstechnik. Ökonomie. Tagungsberichte und dgl.. Sonderfragen

Horn, V.: Entwicklung der Einrichtung für die automatische Sammlung. Registration und evtl. Verarbeitung der Informationen über die Arbeit der Produktionsmaschinen. Textil, Praha **27** (1972) 3, S. 85–87.

Stommel, H. J.: Verfahren des Kapazitätsabgleichs bei der Grobterminplanung. Z. wirtsch. Fertigung **67** (1972) 3, S. 128–131.

Gläser, D., Klemm, Th.: Ökonomische Betrachtungen zur konstruktiven Auslegung und zum Betrieb von Spanntrockenmaschinen. Dt. Textiltechnik **22** (1972) 3, S. 171–175.

Betriebstechnik

Moore, D. J.: Nachahmung der Arbeitsbelastung durch Computer. Teil I. Textile Ind. **135** (1971) 10, S. 57–59.

Masselli, J. W., Masselli, N. W., Burford, M. G.: Einflußfaktoren für die Behandlungsfähigkeit von Textilabgängen. Textile Ind. **135** (1971) 10, S. 84–85, 108–109, 111–113, 115, 117.

Verunreinigungseinschränkung: Die Gestaltung der Anlage macht sich bezahlt. Textile Ind. **135** (1971) 11, S. 78–80, 117.

Staples, M. L.: Einiges über Pflegekennzeichnung woanders. Chem. Reiniger/Wäscher/Färber-Ztg. **70** (1971) 12, S. 702, 704, 706.

Klopfer, H. D.: Unfälle geschehen nicht – sie werden verursacht. Textil-Praxis internat. **27** (1972) 2, S. 123–124.

Ökonomie

Bécs, L.: Eine Vergleichsanalyse der Arbeitsproduktivität in der Textilindustrie. Magyar Textiltechn. **24** (1972) 2, S. 68–73.

Bögre, K.: Arbeite fehlerfrei. Die Anwendung des „Systems der fehlerfreien Arbeit" in Ungarn. Techn. Textilien **15** (1972) 1, S. 8–9.

Schacht, N.: Kapazitätsabgleich durch Lageraufträge. Z. wirtsch. Fertigung **67** (1972) 3, S. 137–140.

Dienstdorf, B.: Kapazitätsanpassung durch Personalverschiebung. Z. wirtsch. Fertigung **67** (1972) 3, S. 132–136.

Die Textilindustrie in den Ländern der OCDE. Vetir, Paris (1972) 166, S. 26 bis 31.

Sonderfragen

Hughes, O.: Herstellung von Geweben für Auto-Sicherheitsgurte. Textile Ind. **135** (1971) 5, S. 141, 143–145.

Mikrofilm rationalisiert die Information. Techn. Gemeinsch. **20** (1972) 4, S. 28–31.

Böhm, G.: Konzeption für industriegerechte Designerausbildung. Beitrag zu einem aktuellen Thema. Textil-Praxis internat. **27** (1972) 3, S. 133–136.

Die Rolle des Textilwissenschaftlers bei der Aufdeckung von Verbrechen. British Knitting Ind. **44** (1971) 511, S. 23–24.

Reaktionstypen in der anorganischen Chemie

Von Dr. INGOMAR FITZ

1970. 368 Seiten · 98 Abbildungen · 105 Tabellen · 8° · Leinen 35,— M

Bestell-Nr. 761 350 9 (5735)

Vom Gesichtspunkt der chemischen Bindung mit Hilfe der Thermodynamik und Kinetik werden die Gesetzmäßigkeiten von organisch-chemischen Reaktionen in wäßriger Lösung erarbeitet.
Die Voraussagemöglichkeiten für chemische Reaktionen auf der Grundlage von thermodynamischen und kinetischen Faktoren werden zunächst im allgemeinen dargestellt.
Chemische Reaktionen in wäßriger Lösung, die sich auf drei Reaktionstypen reduzieren lassen (Komplexreaktionen, Redoxreaktionen und Säure-Base-Reaktionen), werden skizziert.
Im besonderen werden die sich ergebenden Gemeinsamkeiten in der Begriffsbildung und im Wesen der als Teilchenübertragungsreaktionen aufzufassenden Reaktionstypen herausgestellt.
Dabei wird die Tendenz, die chemische Reaktionsfähigkeit durch einen einzigen, umfassenden Reaktionstyp zu beschreiben, aufgezeigt.

Bestellungen durch eine Buchhandlung erbeten

THEORIA CUM PRAXI

AKADEMIE-VERLAG · BERLIN

FSC
www.fsc.org
MIX
Papier | Fördert gute Waldnutzung
FSC® C083411

Zeitfracht Medien GmbH
Ferdinand-Jühlke-Straße 7
99095 Erfurt, Deutschland
produktsicherheit@kolibri360.de